动物病原菌检测技术指南

王　真　王继彤　编著

中国农业大学出版社
·北京·

内 容 摘 要

本书主要以细菌学检测的传统技术方法展开，通过样品采集、形态学观察、分离培养和鉴定以及致病性试验等常规技术和现代分子诊断技术的结合，为动物临床工作者、动物性产品和临床实验室检验的技术人员、从事动物疾病防控技术产品研发的技术人员提供技术指导。

图书在版编目(CIP)数据

动物病原菌检测技术指南/王真，王继彤编著. —北京：中国农业大学出版社，2016.7

ISBN 978-7-5655-1646-7

Ⅰ.①动…　Ⅱ.①王…②王…　Ⅲ.①动物疾病-病原微生物-微生物检定-指南　Ⅳ.①S852.6-64

中国版本图书馆 CIP 数据核字(2016)第 163788 号

书　　名　动物病原菌检测技术指南
作　　者　王　真　王继彤　编著

策划编辑　张秀环　　**责任编辑**　张秀环
封面设计　郑　川
出版发行　中国农业大学出版社
社　　址　北京市海淀区圆明园西路 2 号　　**邮政编码**　100193
电　　话　发行部 010-62818525,8625　　读者服务部 010-62732336
　　　　　　编辑部 010-62732617,2618　　出　版　部 010-62733440
网　　址　http://www.cau.edu.cn/caup　　**E-mail**　cbsszs @ cau.edu.cn
经　　销　新华书店
印　　刷　涿州市星河印刷有限公司
版　　次　2016 年 7 月第 1 版　　2016 年 7 月第 1 次印刷
规　　格　850×1 168　32 开本　6.125 印张　150 千字
定　　价　20.00 元

前 言

本书是为兽医临床检验工作者、微生物检验技术人员和病原菌研究人员等设计的。章节内容主要以细菌学检测的传统技术展开，兼顾现代分子检测技术。本书主要内容涉及动物病料样品采集、保存运送，病原菌的形态学观察、分离培养和鉴定等基本实验室技术，兼顾常规技术和现代技术结合的性质，为动物临床工作者、动物性产品和临床实验室检验的技术人员、从事动物疾病防控技术产品研发的研究生和技术人员提供技术参考。

全书分为 5 章。第一章主要介绍病原菌检验用样品准备和仪器设备调试；第二章主要介绍病原菌形态学观察方法及注意事项；第三章则描述了病原菌分离培养的基本技术方法；第四章将病原菌鉴定的常规技术方法进行了详细阐述；第五章则简要描述了现代分子生物检测技术在病原菌检测方面的应用。

本书以传统的细菌学技术为主线，考虑到现代分子生物学技术发展更新较快，对后者应用的具体方法没有展开充分论述，仅进行了应用性概述。

感谢北京农学院动物疫情监测项目子项目兽医法规研究(2034115073)的支持。

由于编者水平有限、时间仓促，缺点和问题在所难免。恳请读者提出宝贵意见和建议，以便再版时修订。

编 者

2016 年 5 月于北京

目　录

第一章 病原菌检验样品的准备和仪器调试

第一节 病料样品采集的原则及方法

一、病料采集的原则及注意事项

病料采取、保存、运送方法是否正确，直接影响实验室检验结果的准确性，甚至延误防疫措施的制定和执行。因此，正确的病料样品采取、保存和运送，是细菌学检验的前提之一。

鉴于细菌种类众多、特性各异，对外界环境抵抗力千差万别，且机体内有些组织样品存在多种微生物的交互作用。因此，要全面考察待检样品的代表性，病料样品采集时应注意以下原则。

1. 适时性

无论是临床诊断用病料采集，还是普通病原学检验，均应根据检测目的、检测对象和检验项目，事先设计确定采样时机。

通常，具有临床症状的患病动物进行病原分离时，应从病初的发热期或症状典型期的动物机体采样；病死动物应立即采样，夏季最好不应迟于死后 2 h，冬季不迟于死后 24 h。患病动物应在抗生素治疗前采样，可全面兼顾耐药性和敏感性病原菌的检测，同时方便检测结果分析和判定。但经抗生素治疗的患病动物也可采样检测，以便确定耐药性病原菌和其他病因。另外，应根据待检测的细菌特性，选择合适时机和时间间隔进行样品采集。采集的样品应尽快送至实验室检测，若不能及时送检应立即低温冷冻保存，以免影响检测结果的可靠性。

2. 合理性

由于不同病原菌在机体特定组织器官内寄生或增殖的数量和时间长短不同，而病料样品采集的目的是要保障样品的代表性，因此合理采集病料样品具有非常重要的意义。

设计的病原学检验项目，应根据检测目的、病原特点及潜在体内寄生部位和时间长短等，选择合适的样品、采样时间及间隔，必要时事先做好预试验探索。

临床诊断用病料或样品的采集，应根据检测的要求，全面、系统地进行采取，尤其在疾病性质和类别无法确定时。然而，在临床实践中，除需严格规定采集各种足够数量的样品外，不同动物疾病的需检样品各异，应按疑似疾病的特点和采样要求侧重采样。通常，病原微生物寄生或繁殖的部位也是机体内病理变化最为明显的部位，采集时应在病变最明显部位采取病理变化组织和健康组织交界处的病料样品。应选取未经药物治疗、症状最典型的动物样品或以剖检后病变最明显组织为中心采集样品；如有并发症，还应兼顾采样。样品采集量以满足检测需要为度，且应适当留有余地以备必要时复检。若有突然死亡或病因不明的尸体，必须首先排除炭疽病，必要时先采集动物末梢血液涂片、染色、镜检；疑似炭疽时，不得进行剖检采样。

3. 无菌性

要确定待测病料或样品中特定病原微生物的存在状态，必须保障采样过程中所采集的病料或样品没有被其他微生物污染，否则样品检验的结果混杂、无法判断真正的病原菌。

通常，在临床或现场采样过程中，无菌采样很难保证。其原因是动物体表、消化道、呼吸道、泌尿生殖道等与外界相通的体腔，采样周围环境的地面、流动的空气、采样者的呼吸、手臂和活动时搅动的空气、采样用的器械、器皿表面或内部等，都存在大量的微生物，极容易污染采集的样品，影响检验结果。

因此，病原微生物检验用样品采集时，除供病理组织学检验外，必须尽最大可能地进行无菌操作采样，即采样的所用器械、器皿或其他物品必须经过灭菌处理；尸体解剖用具与灭菌处理的病料采集用具不得混用。尸体剖解时，应首先尽最大可能地通过无菌操作，按次序分层暴露出待采集的组织样品，然后先无菌采集样品后再进一步检查大体病变状况和性质，以免人为污染待采样品。

一般说来，一件器械只采取一种病料，否则必须经消毒处理方可用于另一种病料采集。不同的样品应存放于不同器皿。

某些组织器官，如消化道、鼻腔和上呼吸道、浅表的泌尿生殖道等黏膜和动物皮肤，其表面本身就有大量微生物聚集，同时也是病原微生物排出的通道。采集时，应在其他样品采集完成后再进行该类样品的采集，且应防止周围环境对此类样品的污染以及样品间的交叉污染，采集后单独存放。

4. 生物安全防护

据近年汇总的病原体相关数据，人和动物病原体共计 1 415 种，其中 868 种可导致人兽共患病，比例高达 61％。另据统计，近年来新发的 175 种人类传染病中，有 132 种是人兽共患性的，占 75％。由此可见，强化动物病料或样品采集时的生物安全意识，最大限度地降低动物体内的病原体传染给人类，具有重要的意义。

鉴于样品采集时多在临床现场，动物饲养密度高、环境复杂，操作者直接接触病原体或潜在病原体存在的样品或病料，操作人员被感染的机会将大大提高。因此，采样过程中，采样人员应做好生物安全防护，必须穿上便于消毒灭菌的工作服、胶靴，佩戴口罩、手套，必要时加穿防护服、眼罩。

此外，采样时既要保护采样人员，又要防止病原外泄，还要防止样品受到污染。

二、临床病料采取的方法

1. 临床及病原学检验材料的采取

(1)皮肤

无菌取有病变的皮肤 10 cm^2，并带有一块正常皮肤，放入灭菌溶液中；疑似炭疽时，割取整个耳朵，用 5%石炭酸浸湿的纱布包好，放入灭菌塑料袋中；如系藓类，应在活性病灶的边缘刮取皮肤并拔毛根部放入灭菌生理盐水中；采集水疱液、脓汁等液体材料可经表面消毒后用无菌注射器抽取，但当脓液黏稠时可先向脓汁内注射灭菌生理盐水 1～2 mL，然后消毒表皮后切开脓腔吸取液体，放入灭菌试管中。

(2)粪便、尿液及分泌物

粪便样品采集时，为防止表面接触土壤、饲料等，应先用灭菌器械剥离表面，采集中心处粪样放入灭菌试管；鼻腔、口腔、阴道分泌物，可用灭菌棉棒蘸取，迅速放入灭菌试管，必要时可用其他工具采集较大的液量；尿液采集时，可在家畜排尿时直接接收于清洁的容器内，必要时，亦可人工导尿。

(3)乳汁

采取乳汁时，将取乳者的手和动物的乳房清洗消毒后挤乳，至少弃去最初三股乳汁，然后无菌收集 10 mL 乳汁装入灭菌瓶内。

(4)血液

采血应在动物发病初体温升高或发病期，未经药物治疗前采集。活体动物采取全血时，先于灭菌注射器内吸取抗凝剂如灭菌的 5%枸橼酸钠溶液 1 mL，再静脉采血 9 mL，混匀后注入灭菌容器内。若死后采血，须先用酒精或酒精棉火焰烧烤右心房表面，再用灭菌注射器插入抽取。采取血清材料一般只能在活体动物上操作，静脉采血 10～20 mL，注入灭菌试管或小瓶中，摆成斜面，待血液凝固，析出血清后，吸取血清装入另一灭菌试管或小瓶中，向每毫升血清中加入 0.5%石炭酸水溶液 1 滴，可以在一定时间内防腐。常用抗凝剂见表 1-1。

表 1-1 常用抗凝剂

抗凝剂名称	使用方法	抗凝原理	注意事项
草酸盐	草酸铵 1.2 g、草酸钾 0.8 g、福尔马林 1.0 mL、蒸馏水加至 100 mL，每毫升血加草酸盐合剂 0.1 mL(即相当草酸铵 1.2 mg，草酸钾 0.8 mg)。根据取血量将计算好的草酸盐剂量加入玻璃容器内烤干备用。如取 0.5 mL 于试管，烘干后每管可使 5 mL 血不凝固	与血液中的钙离子结合，形成不溶解的草酸钙而阻止血液凝固	草酸盐有毒性，不能作输血用的抗凝剂，不能用于血液蛋白质、钙离子、钾离子的测定
枸橼酸钠	常配成 3%～5%水溶液。也可直接加粉剂，每毫升血加 3～5 mg	与血液中的钙离子形成离子化的可溶性化合物而阻止血液凝固	毒性较低，可作为输血用血液的抗凝剂，但若用量过大，易引起低钙血症。不宜作血液生化检验
肝素	纯的肝素 10 mg 能抗凝 65～125 mL 血液(按 1 mg 等于 125 U，10～20 U 能抗 1 mL 血液计)。一般可配成 1%肝素生理盐水溶液，用时取 0.1 mL 于试管内，100℃烘干，每管能抗凝 5～10 mL 血液	与生物活性蛋白质作用，影响凝血酶系统从而阻止血液凝固	临床过量应用引起血性疾病，可用鱼精蛋白质解救，禁用于出血素质和伴有凝血迟缓的各种疾病

续表 1-1

抗凝剂名称	使用方法	抗凝原理	注意事项
乙二胺四乙酸二钠(EDTA)	每0.8 mg可抗凝1 mL血液	对血液中钙离子有很大的亲和力，能与钙离子络合而使血液抗凝	抗凝血在室温下可保存9 h，在冰箱内保存24 h，对血沉值无影响，但不能用于血钙、血钠的测定

不同的动物静脉采血的部位略有不同：猪少量用血可取耳静脉，量大时须取前腔静脉；羊少量用血采耳静脉，量大时采颈静脉；马、牛一般从颈静脉采血；禽类少量血从翅静脉采，量大时取心脏血；犬类多采前肢静脉血；兔子少量血取耳静脉，量大时采前肢静脉；鼠类少量血取耳静脉，量大时取尾静脉。另外，幼龄动物及体型小巧的动物取身体上较粗大的静脉血。

(5)实质器官

应在刚解剖尸体时同时采取。剖开腹腔时应使用灭菌器械逐层暴露脏器并同时采集样品，常采取的脏器有肝脏、脾脏、肾脏、肺脏、心脏等，但此时胸腹腔淋巴结、胸腹水等样品常应同时采集。若暴露时间过久，应先用烧红的铁片烧烙表面，或用酒精火焰消毒后，在烧烙的深部取小块实质器官（约5 cm^2）放入灭菌试管或平皿内。或直接用铂耳取些病料涂布于平板上。

病料采集时，如患畜疑为炭疽，可在左侧第17、18肋间，髋结节水平上切口，用镊子夹出脾脏，并剪一小块，放入平皿内，切口用消毒药棉花堵塞好。

(6)胃肠及其内容物

选取病变部位肠管5～10 cm，用线扎紧其两端后剪断。也可将肠管剪一小口，用灭菌棉拭子擦取肠管黏膜及其内容物。肠管或棉拭子须置于单独的灭菌容器中。

(7)胆汁

可采取整个胆囊,也可采取胆汁数毫升,置于灭菌容器内。

(8)脑和脊髓

脑组织可纵切两半,脊髓可横切两半,一半做病原学检验,另一半做病理组织学检查。或将整个头部割下,包入浸透0.1%升汞液的纱布中,外面再用浸过上述消毒液的油布包裹,装入木箱或铁桶中。

(9)流产胎儿

可将流产胎儿送往实验室,也可用吸管或注射器吸取胎儿胃内容物放在试管内包装送检。

(10)长骨

取长骨时不要破坏两端,除去肌肉腱外,用纱布包好。

(11)玻片送检

血液制成涂片,脓汁、胸水等可制成抹片,肝、脾、肾、淋巴结、肺、脑脊髓等实质器官制成触片,坏死组织、致密结节制成压片(压在两玻璃之间,使玻璃向相反方向水平磨压)。

每种病料至少做2、3张玻片,做好的标本涂面相对,中间用火柴棒隔开,用线扎住包好,送检。

2.病理组织检验材料

所取病料要全面而且有代表性。当怀疑是某一系统疾患时,应对该系统诸脏器组织全面取材。取材时,应选新鲜典型病变部位连同邻近的健康组织一并采取。取组织块为3～5 cm的方块,在未固定好之前,防止用水冲洗,以免改变其固有的细微结构,盛放的容器应大些,以免挤压变形。

3.中毒材料

对中毒动物,可导出胃内容物、粪便、尿液、血液,死亡动物采取胃和肠内容物，以及胃壁、肠段、尿液、肾、膀胱、心、肝、血液、淋巴结等组织器官。另外，还要采取可疑的剩余饲料。

对重度死后的中小型动物，最好把整个胃封装送检。常见中毒材料的采取量：胃及胃内容物 250～500 g，剩余饲料 500～1 000 g，肠管和肠内容物 250 g 左右，粪便 250 g 左右，尿液 200～500 mL，实质脏器个 100～250 g，血液 50～100 mL，被毛 10 g，饲用饮水 1 000 mL，土壤 100 g。

第二节 临床病料保存及运送

一、病料的保存

采取的新鲜病料最好不用任何保存剂，立即送到检验室。若不能及时送到，尤其在暑天，则应参考下述方法加入适当的保存剂并置低温处。

1. 细菌检验材料

供细菌培养用的液体病料，同容器一起放入 4℃冰箱内。棉拭样品，由于多数病原菌在干棉拭子上只能生存几小时，故应将棉拭子投入营养培养基中。实质脏器，若 1～2 d 内能送到实验室，可放在有冰的保温瓶或冰箱内，也可放入灭菌液体石蜡或 30%甘油缓冲液中。中性纯甘油 30 mL、NaCl 0.5 g、磷酸钠 1 g 加中性蒸馏水至 100 mL，混合后高压灭菌，即成 30%甘油缓冲液。真菌样品，因在室温密闭潮湿容器内能使污染的腐生真菌繁殖，可置于棉塞试管中或用灭菌布、纸包装。注意细菌检验材料保存温度 2～8℃为宜。

2. 病毒检验材料

低温是保存病毒的重要条件，采取的材料应尽快冷藏或冷冻。

需要注意的是，多种病毒悬液经缓慢反复冻融会因形成大量结晶而破坏病毒结构使之灭活，因此应尽快冻结并防止反复融化。亦可将含有病毒的组织块放在50%甘油缓冲液中，置于4～8℃冰箱中保存。含病料的棉拭子可投置于装有运输培养基的试管中保存。如可选用含有10%牛乳蛋白或0.5%水解乳蛋白的无菌Hank's液。为控制病料中杂菌污染，可在培养基中按每毫升加入1 000 IU的双抗（青霉素和链霉素）及多黏菌素B。

3.血清学检验材料

检查抗体用的血液，不加抗凝剂，待凝血后，分离血清放入小青霉素瓶或灭菌离心管内。血清学检验材料宜于低温下保存。为了防腐，每毫升血清中加入5%石炭酸溶液1滴，并混匀。

4.病理组织检验材料

将采取的组织块立即浸入10%福尔马林溶液中固定，24 h后再换液1次。冬季为防冻结可用95%酒精固定。亦可将上述固定好的组织块保存于甘油和10%福尔马林混合液中。脑、脊髓组织需用10%中性福尔马林溶液（配法：10%福尔马林溶液中加入碳酸镁5%～10%）固定。固定液的用量均以高过淹没组织块为宜。

5.中毒材料

一般不加任何防腐剂。为防止腐败分解，应将待检材料放入冰箱内。如果一定要加防腐剂，只可加酒精，并须注明，同时也要把酒精随待检材料一起送检，以作对照。

二、病料的包装、运送

1.病料样品的包装

送检病料要求包装严密，冷藏。将盛有病料的容器加盖子，用蜡封闭。容器上贴上标签，注明病料名称、采取时间、地点、保存方法、送检单位等，并标明上下方向防止倒置。

(1)对一般的送检材料，将容器蜡封，装入塑料袋中扎口；各种标本先用纸扎好，再包在一起扎紧，将包装好的病料装入送检盒中。

(2)怀疑为炭疽、口蹄疫、禽流感等病料，应将包装病料的容器放在密封的容器内送检(至少3层包装，包括主容器、辅助包装和外包装)。

(3)血清和病理组织检验材料不能冻结。将盛有组织块和固定液的玻璃用塑料袋包扎，放入包装盒，四周用泡沫材料填充固定。如果带固定液运送不方便时，可用蜡密封容器口，亦可将已固定好的组织块用浸湿固定液的棉花包住，再用塑料袋包扎后装入包装盒送检。

(4)为保证冷藏瓶中低温，可利用盐溶液使冰点下降的原理，将碎冰(或水)同盐类混合，使温度自然下降。

2.病料样品的运送

供细菌检验用的病料，要防止腐败，必须及时、快速、安全送检。一般病料可低温邮寄，怀疑是危险传染病的病料，必须按照《病原微生物实验室生物安全管理条例》和《可感染人类的高致病性病原微生物菌（毒)种或样本运输管理规定》的要求，派专人运送。供作病原菌检验的材料，在包装运送过程中若容器破损，应及时销毁处理，防止病原扩散危害人畜安全。万不可侥幸将污染的病料留做检验，这样会造成错误的诊断结果。

3.病料的记录

送检记录或口头介绍应包括下述内容：

(1)送检病料的畜种、年龄、性别、发病日期、死亡时间、取材时间、地点及取材人员。

(2)送检材料的种类，是否加入何种保存剂。

(3)送检病畜的主要临床症状和剖检病变。

(4)送检病畜曾是否打过何种防疫针,经过何种治疗,疗效如何。

(5)送检地区类似疾病的流行情况,包括流行特点,患病动物的种类、发病及死亡数目等。

(6)临床诊断的初步结果。

第三节　常见传染病检验时采取的病料样品

根据病性,不同的疾病应采取不同的病料。例如,流产病例,主要采取流产胎儿或阴道分泌物;败血症病例可采取各脏器,尤其是脾、淋巴结等实质脏器;菌血症病例可采集血液或原发病灶。即使同一病原菌的不同发展阶段,病原菌在机体中的分布也不相同,采取病料时要根据病性收集病原含量最多的脏器材料或样品。

一、细菌性疾病所采取的病料

细菌性疾病所采取的病料见表1-2。

二、分离真菌的病料

皮肤型真菌病(皮霉菌病等)应采取与正常皮肤交界处的病变皮肤、痂皮、皮屑、溃疡部位脓汁和渗出液(马流行性淋巴管炎)以及受污染的毛或羽等作为供检病料。最好每种病料分成两份,一份接种于沙堡氏培养基上,一份置于有盖容器内供直接镜检。

内脏型真菌病可取有病变的组织或器官,如禽曲霉菌病,可以采集肺和气囊等有病变的组织。

霉菌毒素中毒(如黄曲霉毒素等)时,应采取发霉饲料(干草、谷物等)作为检验样品。

表 1-2 常见畜禽细菌性疾病取材

病名	病原	取材种类	
		生前	死后
鼻疽	鼻疽假单胞菌	2,12,26	9
大肠杆菌病			
幼畜腹泻	产肠毒素大肠杆菌(ETEC)	25	7,14
猪水肿病	大肠杆菌	25	30,14
禽大肠杆菌病	大肠杆菌		26
沙门氏菌病			
猪副伤寒	猪霍乱和猪伤寒、鼠伤寒等多种血清型沙门氏菌	25	16,20,4
马沙门氏菌病	马流产、鼠伤寒和都柏林等多种血清型沙门氏菌	2,13,26,27	
牛沙门氏菌病	牛流产、鼠伤寒和都柏林等多种血清型沙门氏菌	13,25	
羊沙门氏菌病	羊流产、鼠伤寒和都柏林等多种血清型沙门氏菌	13,25	
鸡白痢和鸡伤寒	鸡沙门氏菌	1,2,25	10,16,32,9
禽副伤寒	各种泛嗜性沙门氏菌	25	10,16,32,9

续表 1-2

病　名	病　原	取材种类	
		生前	死后
耶尔森氏菌病			
兔伪结核病	伪结核耶尔森氏菌		10,14,32,20
小肠结肠炎耶尔森氏菌感染	小肠结肠炎耶尔森氏菌	25	14,30
巴氏杆菌病	多杀性巴氏杆菌	1,3,22	1,8,10,11,16,24
波氏杆菌病	支气管败血波氏杆菌	12	11,12,18
坏死杆菌病	坏死梭杆菌	9,26	9
土拉杆菌病(野兔热)	土拉热弗朗西斯氏菌	1	8,11,15,9
布鲁氏菌病	布鲁氏菌	2,13,19,31	
弯曲杆菌病			
弯曲杆菌性流产	胎儿弯曲杆菌胎儿亚种和肠道亚种	2,13,26,31	
弯曲杆菌性腹泻	胎儿弯曲杆菌空肠亚种	25	
链球菌病			
马腺疫	马腺疫链球菌	26,12	9,14
猪链球菌病	C、D、E 和 L 群链球菌	1	10,16
羊链球菌病	C 群兽疫链球菌		5,10,11,14,16,31

续表 1-2

病名	病原	取材种类	
		生前	死后
猪丹毒	红斑丹毒丝菌(丹毒杆菌)	1,26,27	1,8,10,16,28
炭疽	炭疽杆菌	1,3,22	1,16,23
梭菌病			
气肿疽	气肿疽梭菌		3,9,10,16
恶性水肿	腐败梭菌		3,10,9
羔羊痢疾	B型魏氏梭菌	25	7,10,16
羊肠毒血症	D型魏氏梭菌		7,10,16
羊快疫和猝疽	分别为腐败梭菌和C型魏氏梭菌		1,16,10,29
仔猪红痢	C型魏氏梭菌		30
兔魏氏梭菌病	A型魏氏梭菌		30,10
肉毒梭菌中毒	肉毒梭菌		17,30
李氏杆菌病	单核细胞增多李氏杆菌		1,4,8,10,16,21
结核病	结核分枝杆菌	6,25	6,7
钩端螺旋体病	钩端螺旋体	1,2,4	8,10,16

续表 1-2

病名	病原	取材种类	
		生前	死后
猪痢疾(猪血痢)	猪痢疾密螺旋体	25,33	6,25
支原体病			
牛肺疫	丝状支原体丝状亚种	2	11,29
山羊传染性胸膜肺炎	丝状支原体山羊亚种		11,29
猪气喘病	猪肺炎支原体	2,12	11
鸡支原体病	鸡败血支原体	2,12	11,18
立克次氏体病	立克次氏体	1,2	
衣原体病			
鹦鹉热(鸟疫)	鹦鹉热衣原体	2	11,16,10
牛或绵羊地方性流产	鹦鹉热衣原体	13,34	

注:表中数字表示如下:1. 抗凝血;2. 血清;3. 皮下或局部病灶水肿液;4. 脑脊髓液;5. 心血;6. 病变肠段黏膜刮取物;7. 小肠及内容物;8. 肾;9. 病变组织;10. 肝;11. 肺;12. 鼻咽或气管分泌物;13. 胎盘或流产胎儿;14. 局部淋巴结;15. 唾液;16. 脾脏;17. 胃及内容物;18. 气管黏膜;19. 乳腺或乳头或乳汁;20. 盲肠(包括回盲瓣);21. 脑(纵切 1/2);22. 涂片或组织触片数张;23. 皮革数小块;24. 整个尸体(禽类);25. 新鲜粪便或直肠棉拭粪样;26. 脓汁或局部病灶分泌物;27. 关节囊积液;28. 长骨;29. 胸液或腹水;30. 病变肠段及内容物;31. 精液;32. 胆囊;33. 直肠黏液;34. 阴道分泌物

三、供血清学检查的样品

血清学检查是诊断传染病或鉴定病原体的一个重要手段。因此，血清学检查的样品可分为抗原样品(病料或分离培养物)或抗体样品(血清)两种。

所采抗原样品必须保证其抗原性不受破坏。因此，供沉淀试验、凝集试验、补体结合试验等方法检测用的病料样品可直接送检，也可将病料中病原菌分离、纯培养后再送检。

需作标记抗体检查的病料(组织、血液、脓汁、粪便、尿、渗出液和穿刺液等)，可将其在洁净无油的载玻片上制成薄而匀的涂片或压印片，并在自然干燥后，用冷丙酮液固定 20～30 min，晾干，密封包装后置 4℃下迅速送检。

供测定抗体的材料主要是血清且最好是双份血清(即发病初期和痊愈期或发病后 2 周左右患病动物的血清)，且应尽可能做到无菌采集。为防止污染，可在血清内加入 0.01％硫柳汞或 0.1％叠氮钠作为防腐剂，但供病毒中和试验的血清样品不能加入这类防腐剂，可加入青霉素、链霉素作为防腐剂。

第四节　临床病料样品检验的一般程序

一、细菌学检验

通常可按图 1-1 所示程序进行检验。

1. 病料直接镜检

心血、脓汁、渗出液、肝、脾、淋巴结、肾等病料均可制成涂片或触片，进行染色镜检。一般宜用瑞氏或姬姆萨染色，但对疑为分枝杆菌或布鲁氏菌感染的病料涂片时，可分别用抗酸染色法或科兹洛夫斯基氏染色法，对送检的纯培养细菌涂片可做革兰氏染色。

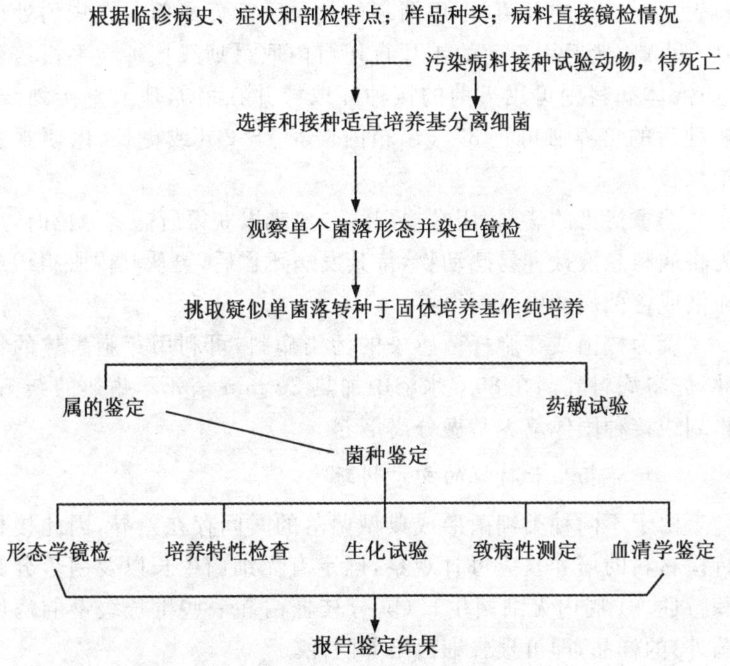

图 1-1　临床病料的常规细菌学检查程序

对一些具有特殊形态或特殊染色特性的细菌，如链球菌、葡萄球菌、肺炎双球菌、巴氏杆菌、猪丹毒丝菌、炭疽杆菌、魏氏梭菌、结核分枝杆菌、布鲁氏菌等，常可通过直接镜检对病料或纯培养涂片中的病原菌种类作出初步判断，并可选择适宜培养基分离培养。

2. 划线分离

送检尸体剖开后或采集病料后，应立即用适宜培养基做细菌分离。可根据直接镜检情况或样品性质或疑似病原菌种类，选用适用的固体培养基进行常规划线分离病原菌。

固体病料接种培养基时，应先取一小块点燃的酒精棉球，在病料表面轻度烧灼灭菌，再用消毒的外科手术刀或剪刀在烧灼处刺割一小口，然后用灭菌的铂耳自切口内取材划线接种在平板培养基；液体病料则可用灭菌的接种环取样并在培养基上直接划线。接种后的培养皿可置37℃温箱内培养1～2 d或更长，以便观察结果。

严重污染的病料，用常规划线分离难以获得所需病原菌时，可先将病料悬液接种易感动物，待其发病死亡后，再从其内脏组织或血液或含菌病灶中分离培养。

疑为梭菌或芽胞杆菌感染的污染病料，可利用芽胞耐热的特性，先将病料乳剂在80℃水浴中加热20 min杀死不耐热的杂菌，再划线接种固体培养基做分离培养。

3.培养物生长特性的初步判断

由于不同种类细菌形成典型菌落的时间存在差异，因此接种待检材料的培养基应每日观察，确定有无细菌生长以及菌落分布和特性。1周内无细菌生长（除分枝杆菌和一些生长缓慢的病原菌外）的样品，即可报告细菌培养阴性。

如果发现存在细菌生长，应仔细观察培养物的生长特性。若培养基表面菌落大小不均、形态和颜色各异，且十分混杂，难以发现优势菌落，可报告为病料被严重污染。此类病料若特别重要，可接种易感动物后再行分离。

若培养基上形成的菌落，其形态、颜色和大小基本一致，并生长在所划的接种线上，则可挑取代表性的单个菌落进一步划线纯化后进行生化鉴定，或制作涂片后革兰氏染色镜检。若分离物中存在不同大小、颜色和形态的菌落，但其中存在一种以上优势菌落（占总培养物的比例较高者）则可分别涂片、染色镜检或经纯培养后再作进一步鉴定。

一般情况下，经上述检查后，结合流行病学、临床症状等分析，常可对病料中的病原菌作出初步判断。但如果经过上述步骤，一时还难以识别分离物的种类，可先将其鉴定到属，必要时再按该属成员的鉴定要点确定种或型。

分离病原菌的确定性鉴定需在上述检查的基础上，进行生化特性鉴定、血清学鉴定和动物接种试验。

生化特性鉴定是细菌鉴定的一个传统且重要的手段，其原理是：在特定的培养基中，不同种属的细菌因所含酶系统不同，其分解代谢与合成作用相对稳定，能使特定物质转化成其他物质，或产生特定的代谢产物的性质随细菌种类不同而异，并且可借助于不同的生物化学方法加以区别，这种鉴别的方法称为细菌的生化特性试验。借助于生化特性试验，我们可将病原菌鉴定到种或亚种（型）。

病原菌的血清学分群或分型试验是病原菌抗原型鉴定的传统方法，借助于特定病原菌的特异性血清或单因子血清，可将其分为不同的血清群或型。例如，巴氏杆菌、沙门氏菌、大肠杆菌、志贺氏菌、布鲁氏菌、钩端螺旋体等病原菌，都有标准的特异性血清或单因子血清供应。

动物接种试验是检测分离纯化的病原微生物致病性或致病性强弱的标准方法。由于细菌种类众多，某些细菌存在一定的相似度，上述方法鉴定不够全面时可出现一定程度的误判，导致将环境污染的非致病菌错判为病原菌进行防控；更为重要的是，某些病原菌容易变异，在一定条件下可转变为非致病性或低致病性。因此，按照科赫法则，判断病料中分离纯化的微生物是否为真正的致病菌，需要动物接种试验，接种的动物发病或死亡后，应有相似的临床症状和病变，取样涂片、镜检或分离培养能够获得同样的微生物，方可证实此分离物为疾病真正的病原菌。

二、真菌学检验

真菌类感染疾病病料样品的常用检查方法有：直接镜检法、分离培养法、生化特性试验和动物接种试验。

(一)直接镜检法

可作为真菌病料检查的第一步,分不染色镜检和染色镜检。

1. 不染色压滴标本镜检

适用于体表或脏器组织病料中真菌菌丝和孢子的形态观察。

(1)被毛、皮屑、羽、痂皮或霉斑病灶等样品的检查

取少量病料置清洁载玻片上,加 1、2 滴 10%氢氧化钾溶液,覆以盖玻片,静置 5～10 min,并不时在酒精灯上轻微加热,待轻压盖玻片能使样品压扁时即可镜检。在弱光线下观察霉菌寄生部位的菌丝和孢子大小、色泽、形状和排列特点。

(2)脓汁病料的检查

当疑为马淋巴管炎等组织胞浆菌时,可采取病变部位脓汁或化脓的淋巴结,以少量样品制成压滴标本片镜检。若脓汁黏稠,可先加适量生理盐水于玻片上,再挑取少量脓液与盐水混匀,加盖玻片即可。

2. 染色标本镜检

按常规方法制片,并在病料上加少量乳酸酚棉蓝染色液,加盖玻片后,静置 5～10 min 并稍加热即可镜检。

(二)分离培养

用于真菌分离的培养基种类甚多,常用的有沙堡氏培养基(含或不含抑菌剂)、察氏培养基、血琼脂、脑心浸液琼脂及其他选择性培养基等。真菌培养的温度一般为 22～30℃,少数种类需要在 37℃下培养。培养时间至少 2～4 周,有的病原真菌,如流行性淋巴管炎病原,则需延至 8 周。如为白色念珠菌只需培养 2～3 d 即有可见菌落出现。

脓汁在培养前,应先用 5%安替福民溶液(甲液:碳酸钠 12 g,漂白粉 8 g,蒸馏水 80 mL;乙液:NaOH 15 g,蒸馏水 85 mL;应用

时两液等量混合，再用蒸馏水稀释至 20% 的浓度后使用）处理 12 h，再用无菌生理盐水洗涤 2～3 次，离心沉淀，取沉淀物接种培养基。

发霉的谷物等分离培养时，可先用 1% 次氯酸钠溶液浸泡 1 min，或 0.1% 升汞液浸泡 3～5 min，再用无菌水反复洗 3～4 次，最后放入培养基内培养或将谷物制成悬液后培养。

秸秆或干草等分离培养时，可切成小段，用 10% 次氯酸钠浸泡 3～4 min，再以无菌水洗涤数次，然后将检材直接置于培养基上培养。

当培养基上长出菌落时，可取疑似菌落少量制片、染色镜检。根据菌丝、孢子大小、色泽、形状和排列等特征，即可作出基本鉴定，必要时可进行生化特性试验进行鉴定。

(三)动物接种

为了测定分离物或代谢产物是否具有致病性，可用真菌培养物或其滤液，也可用饲料及其滤液或抽提物等，经皮下、皮内、腹腔、呼吸道接种或饲喂、体表涂擦等不同感染途径，接种适宜的实验动物，以检测真菌的致病性或毒性物质。

第五节　常用仪器的使用及器材准备

掌握微生物实验室常用仪器的使用是十分重要的，随着科学技术的发展，微生物实验室仪器的种类也不断增加，有些仪器价格昂贵，一旦不按规定操作，仪器损坏，会造成很大的损失，直接影响教学科研工作的进展，甚至造成人员的伤亡。因此，有必要对某些常用仪器的使用注意事项及器材的准备予以介绍。

一、常规仪器的使用

病原菌检测实验室常用的主要仪器有显微镜、温箱、超净工作台、生物安全柜、高压锅、冰箱、离心机、干热灭菌器、滤器、冻干机等。

(一)显微镜

显微镜是病原菌检测过程中必不可少的工具。人眼只能看见 0.2 mm 以上的物体,细菌仅有 0.2～20 μm 大小,所以肉眼不能直接看到细菌,必须借助显微镜将细菌放大后,才能观察到细菌的形态和结构。从工作原理和结构上显微镜分为光学显微镜和电子显微镜。其中光学显微镜有普通光学显微镜、暗视野显微镜、相差显微镜、荧光显微镜和激光共聚焦显微镜等;电子显微镜有透射电子显微镜和扫描电子显微镜等。观察细菌的形态和结构,最常用的是油镜镜头。

1. 普通光学显微镜

普通光学显微镜(light microscope)由一组机械支持及调节系统和光学放大系统组成,这两部分很好地配合,才能发挥作用。以可见光(自然光或灯光)为光源,光波长 0.4～0.7 μm,平均约 0.5 μm,细菌经放大 100 倍的物镜和放大 10 倍的目镜联合放大 1 000 倍后,达到 0.2～2 mm,肉眼便能看见。进行油镜检查时,应先对好光线,但不可直对阳光,采取最强亮度(升高集光器、开大光圈、调好反光镜等)。然后在标本上滴加柏木油 1 滴(切勿过多),将标本放置或移置载物台正中。转换油镜头浸入油滴中,使其几乎与标本面接触为度(但不应接触)。用左眼由目镜注视镜内,同时慢慢转动粗螺旋,提起镜筒,直至模糊看到物像时,再转细螺旋,看清物像为止。随即进行病原菌检查观察。油镜用后,应立即用擦镜纸将镜头擦拭干净,如油渍已干,则须用擦镜纸蘸取少许二甲苯溶解并擦去油渍,然后再用干擦镜纸擦拭镜头。

2. 电子显微镜观察法

电子显微镜(electron microscope,EM)简称电镜,是利用电子流代替可见光波，电磁圈代替放大透镜的放大装置。电子流波长极短，约 0.005 nm，可放大数十万倍，能观察 1 nm 的微粒。电镜包括透射电镜（transmission electron microscope）和扫描电镜（scanning electron microscope）。细菌的超薄切片，经负染、冰冻处理后，在透射电镜中可清晰观察到细菌内部的超微结构。经金属喷涂的细菌标本，在扫描电镜中，则能清楚地显示细菌表面的立体形象。电镜观察的细菌标本必须干燥，并在高度真空的装置中接受电子流的作用，所以电镜不能观察活的细菌。

(二)温箱

亦称恒温箱或孵育箱，是培养微生物的重要设备。根据温箱是否有 CO_2 供给装置，可分为普通温箱和 CO_2 培养箱。

1. 普通温箱

使用时应注意的事项如下。

(1)若是电热温箱，用前应检查所需要的电压与供应的电压是否一致，如不符合，则应使用变压器。

(2)水套式温箱内、外夹壁之间须盛水，用前需注入与所需温度相近的温蒸馏水，每过一段时间须加水，不用时应将水放出。

(3)用时注意温度调节旋钮与箱内温度是否一致，常用温度为 37℃。

(4)箱内放置物品不宜过挤，使空气流动畅通，保持箱内平均受热。

(5)除取、放培养材料外，箱门应始终严密关闭。箱内应保持清洁干燥。

2. CO_2 培养箱

CO_2 培养箱是供组织培养用的培养箱，根据需要可调节 CO_2 的使用浓度，一般为 5%，这种培养箱有 CO_2 供给装置控制系统和 CO_2 气体瓶，使用时注意事项如下。

(1)除了一般的电器使用要求外,特别注意 CO_2 供给系统和控制器是否符合要求。

(2)CO_2 气体要高纯度,气体瓶要清洁。

(3)防止霉菌污染,要定期消毒清洗。

(4)保持一定的湿度,盛水盒要清洁,水要灭菌后加入。

(5)避免开门次数太频繁,否则既会影响箱内温度和气体浓度,又会造成气体控制系统发生故障。

(三)超净工作台

超净工作台是病原菌分离、培养、鉴定等操作的重要平台。使用时注意事项如下。

(1)提前 30 min 开启紫外杀菌灯,对工作台进行消毒处理。

(2)新安装的或长期未使用的超净工作台,使用前必须对工作台和周围环境先用超净真空吸尘器或不产生纤维的工具进行清洁,再采用化学消毒药擦拭。

(3)应根据环境的洁净程度,可定期将粗滤布或涤纶无纺布拆下清洗更换。

(4)操作区内不允许存放不必要的物品,保持工作区的洁净气流不受干扰。

(5)操作区的使用温度不要超过 60℃。

(四)生物安全柜

当操作的对象涉及原代培养物、菌毒种以及诊断性标本等具有潜在感染性材料时,都应在生物安全柜中操作。生物安全柜是由定向气流(风幕)、高效过滤器(high efficiency particulate air filter,HEPA)、风机压力系统和必需的在线监测仪表组成的箱形负压装置。目前,我国将生物安全柜分为三个等级,即Ⅰ级、Ⅱ级、Ⅲ级。

1. Ⅰ级生物安全柜

气溶胶排放大气前经 HEPA 过滤器过滤，但过滤后的气体全部排放出去，柜内没有净化后循环气体。因此，这种安全柜只用于保护人员和环境不被污染，但不保护样品。

2. Ⅱ级生物安全柜

气溶胶经 HEPA 过滤器过滤后，一部分排放出去，一部分再次循环进入安全柜内，其中前部开口区的吸入气流用以保护操作者的安全，经 HEPA 过滤的垂直气流用以保护样本，排出的气流经 HEPA 过滤是为了保护环境。因此，这种安全柜是真正的生物安全柜，它既保护环境、人员，也保护样本，是目前 BSL-2 实验室应用最多的生物安全柜。

3. Ⅲ级生物安全柜

为完全密闭的、不漏气结构的通风安全柜。送入气流经 HEPA 过滤器过滤后进入安全柜内，排出的气流经双层 HEPA 过滤器或过滤和焚烧两次处理。人员通过与生物安全柜连接的密闭手套实施操作。这种安全柜适用于 BSL-3 实验室，生物危险等级Ⅳ级的高致病性病原微生物的操作。生物安全柜使用时注意事项如下。

(1)所用物品尽量放在柜内工作台的后面，前面留出操作空间；前面的进气格栅要保证进气畅通，不要被实验物品挡住。

(2)定期更换灯管，确保紫外线的照射强度，保证杀菌效果。

(3)定期对生物安全柜进行检定，每年应更换一次 HEPA 过滤器，确保生物安全柜的有效性。

(4)避免使用明火。明火会造成生物安全柜的气流紊乱，干扰气流模式，还会损坏 HEPA 过滤器。

(5)实验前首先打开紫外灯照射 30 min，消毒柜内台面；关闭紫外灯，打开安全柜的风机，排走柜内的空气污染物，约 5 min 后再进行操作。

(6)操作结束后,应让生物安全柜继续运行至少 3 min 来完成柜内空气净化过程。

(五)高压蒸汽灭菌器

根据沸点与压力成正比的原理设计,是微生物实验室必不可少的重要设备。其种类较多,常用者为手提式高压蒸汽灭菌器,使用方便。还有立式和卧式两种。使用方法及注意事项如下。

(1)在灭菌器内加入适量的水,约近金属隔板或支架处。

(2)将灭菌物品包扎好,小心地放入容器或隔板上。

(3)将盖子盖好,扭紧螺旋,关闭气门。

(4)接通电源,当温度达到 100℃时,徐徐打开气门,排出容器内所存留的空气,然后关闭气门。

(5)待温度升至 121℃(或根据需要)时开始计时,时间到时切断电源。

(6)仪器压力自行降至零时,方可将气门慢慢打开,放气。排气完毕后,开盖取出灭菌物品。

(7)将容器内的水放出,并作必要的清洁,将盖子放回原处。

(六)流通蒸汽灭菌器

简称蒸汽灭菌器,其原理是用流通蒸汽而达到灭菌目的。这种灭菌器的最高温度达 100℃,通常用于灭菌不耐热的材料(如:明胶,含牛乳、糖类培养基和组织培养用培养基和溶液等)。现在多用高压蒸汽灭菌器代替了它的功能,但高压蒸汽灭菌器的排气阀在 100℃ 排气后一直打开。使用流通蒸汽灭菌器注意事项如下。

(1)加水于灭菌器的底槽内,由水孔进入盛水腔,水量以不淹没隔板为度。

(2)置灭菌材料于内腔的隔板上,将内、外两层门关好。

(3)在盛水腔下加热使其生蒸汽。

(4)温度上升至一定程度后维持一定时间(通常 30～60 min),然后将灭菌材料取出。

(5)若用间歇灭菌法,则材料取出放冷后,应放入温箱内使其中存在的芽胞发芽,第二天再灭菌一次,即可将一般细菌繁殖体完全杀死。

(七)冰箱

冰箱是根据液体挥发成气体时需要吸热,而将其周围的温度降低这个原理设计的。可用的冷却液有氨、CO_2、二氧二氟甲烷和溴化锂等,这些物质液态时都容易气化,气化时吸收大量热,稍微加力又易被液化。冰箱根据制冷温度和用途分为普通冰箱、低温冰箱和超低温冰箱等。

1. 普通冰箱

冷冻室的温度在 0℃以下,冷藏室的温度在 4～10℃。使用时可根据材料和要求,调控至适合的温度范围,应定期清理冰盒的厚冰,保持冰箱的清洁干燥。

2. 低温冰箱

一般温度控制在－40～－20℃,有立式和卧式两种,适宜于存放一般的培养基、血清、病料等。这种冰箱使用时,要有专人管理,定期清理厚冰层,尽量避免开闭次数。

3. 超低温冰箱

一般温度控制范围可达－70℃以下,有立式和卧式两种,适用于存放菌毒种和放射标记材料等。在夏季室内气温高时要特别注意通风,要有专人管理。

(八)离心机

离心机是根据物体转动时产生离心力这一原理设计的,离心速度由低速到高速，再到超高速，离心容量为1～500 mL。

1. 普通离心机

这种离心机有多种型号，少者每个离心管可盛0.5～1 mL，多者每个离心管可盛几十毫升，转速最高可达4 000～8 000 r/min，用于离心沉降血细胞、细菌、瘤细胞、澄清液体和提取免疫球蛋白等，如为低温冷冻离心机，离心效果更佳。离心机使用中必须注意以下几点。

(1)使用前认真熟悉使用说明，必须掌握操作规程。

(2)将盛有材料的离心管置于金属离心管内，必要时可于管底垫上橡胶或塑料泡沫，在天平上平衡后小心对称地放入离心机内，盖上盖子。

(3)打开电源开关，慢慢地转动速度调节器至所要求的速度刻度上，维持一定时间。有的离心机在转动盘上装有玻璃管一根，从盖中央的小孔中突出于离心机外，管中盛酒精，当离心机转动时，因离心作用使酒精形成一个旋涡，从旋涡的深度即可显示转动速度。

(4)达到时间后，将速度调节器的指针慢慢地转回至零点，然后关闭电源。

(5)待转动盘自动停止转动后方可将离心机盖打开，取出离心管(此时应轻拿勿振动)。

(6)在离心过程中，如发现离心机振动，且有杂音，则表明离心管重量不平衡；如发现有破碎声，应立即停止使用，进行检查。

2. 高速离心机

小型者转速可达15 000～20 000 r/min，每个离心管容量为2 mL，如Eppendorf离心机、高速台式离心机等，这些离心机用于病原核酸提取，微量样品分析和少量含菌、含毒材料的沉淀、澄清等。大型者转速可达20 000～25 000 r/min，这种离心机都带有制冷系统。离心过程中离心转头的温度在4℃左右。

3.超速离心机

转速可达25 000～50 000 r/min，使用时可根据实验目的、材料多少选择不同的转头。使用时除了每个离心管与相对的离心管平衡外，离心管内容物一定要装满，盖上盖子拧紧，启动一定要按使用规程操作。

4.超高速离心机

涡轮型离心机，属小型，转头很小，其转速可达50 000～10 000 000 r/min，主要靠压缩空气的冲击而转动涡轮驱使转头转动。

（九）除菌滤器

除菌滤器是微生物实验室不可缺少的设备，可用来滤过糖溶液、血清、腹水、组织培养用培养基和某些药物、溶液等以达到除菌的目的。目前纤维素膜滤器最为方便常用，介绍如下。

纤维素微孔滤膜：由纯纤维素或其衍生物制成，有不同的孔径大小，由0.22 μm到0.65 μm，常用者0.22 μm、0.45 μm和0.65 μm，滤膜可夹在小型滤器之间，采用正压滤过法使溶液通过微孔滤膜而达到除菌的目的。

（十）干热灭菌器

干热灭菌器又称干烤箱，主要用来灭菌玻璃器皿。在灭菌前，将玻璃器皿清洗干净，干燥、包装，然后放入干烤箱内，不要堆放太多物品，也不要将要灭菌的物品放入最底层。关好门，打开电源，缓慢加热。当温度升至60～80℃时，开动鼓风机，使灭菌器内的温度均匀一致（一般约10 min），待温度达到140～160℃时，维持1.5～2.0 h，然后关闭电源，待箱内温度降至室温方可将门打开，取出灭菌物品。

(十一)冻干机

冷冻真空干燥机是供冻干菌种、毒种、补体、疫苗、药物等使用的机器，主要由真空干燥机、真空泵、压力计、真空度检验枪等组成。冷冻真空干燥，即将冻存的材料放在玻璃安瓶内，在低温中迅速冷冻，然后用抽气机抽去容器内的空气，使冰冻物质中的水分直接升华而干燥。这样，病原微生物在冻干状态下可以长期保存而不致失去活力。

二、实验器材的准备

清洁的玻璃器皿是获得正确实验结果的重要条件之一。清洗的目的在于除去玻璃器皿上的污垢，如灰尘、油渍、无机盐等。

1. 新购玻璃器皿的处理

(1)玻璃器皿的清洗

实验室常用的玻璃器皿有载玻片、盖玻片、试管、吸管、平皿、三角瓶、试剂瓶等，新购的器皿常附有游离碱质，不可直接使用，应先在1%～2%的盐酸溶液中浸泡数小时，以中和其碱质；然后再用肥皂水及清水刷洗以除去遗留的酸质，最后用蒸馏水冲洗至少3次，在55℃烘箱内烘干备用。

(2)石英和玻璃比色皿的清洗

切记不可用强碱清洗，因强碱会侵蚀抛光的比色皿，只能用洗涤液浸泡，然后用自来水冲洗。清洗干净的比色皿内外壁不应挂水珠。

2. 用过玻璃器皿的处理

(1)载玻片

用过的载玻片放入洗衣粉溶液中煮沸20～30 min(注意溶液要浸没载玻片，否则会使玻片钙化变质)，待冷却后逐个用自来水洗净，浸泡于95%的酒精中备用。带有活菌的载玻片可先浸于

5%石炭酸或2%～3%来苏水或0.1%升汞溶液中消毒24～48 h后，再按上述方法洗涤。使用前，将载玻片从酒精中取出，经火焰将载玻片表面的酒精烧尽，方可使用。

(2)血细胞计数板

使用后应立即用水冲净，必要时可用95%的酒精浸泡，或用酒精棉轻轻擦拭。切勿用硬物洗刷或抹擦，以免破坏网格刻度。洗涤完毕后镜检血细胞计数板的计数区是否残留菌体或其他沉淀物。洗净后自然晾干或吹干后放入盒内保存。

(3)一般玻璃器皿

可先用毛刷蘸洗涤剂洗去灰尘、油渍和无机盐等物质，再用自来水冲洗干净。如果器皿要盛装高纯度的化学试剂或做高精度的实验，可先在洗涤剂中浸泡过夜，再用自来水冲洗，最后用蒸馏水洗至少3次。洗刷干净的玻璃器皿烘干备用。

污染细菌的玻璃器皿应先121℃高压灭菌20～30 min后取出，趁热倒出器皿内的培养物，再用洗涤剂洗刷干净，最后用水冲洗。染菌的移液管和毛细吸管，使用后应立即放入含氯消毒剂或5%石炭酸溶液中浸泡数小时，然后高压灭菌，最后再洗涤。

(4)含琼脂培养基的玻璃器皿

对于含有琼脂的玻璃器皿，应先用玻璃棒等将容器内的琼脂刮出。如果琼脂培养基已经干燥，可将器皿放在少量水中煮沸，使琼脂融化后倒出。用酒精将玻璃器皿上的标记擦去。用合适的毛刷蘸洗涤剂洗刷内、外壁，最后用清水冲洗干净。或浸泡在0.5%的洗涤剂中超声洗涤，用自来水冲洗后，再用蒸馏水洗3次。洗净的玻璃皿盖或底应全部朝下，扣在台子上晾干备用。清洗后的玻璃皿内外不可挂有水珠，否则需用洗涤剂浸泡数小时后再次清洗。如器皿上沾有蜡或油漆等物质，可用加热的方法使之熔化后擦去，或用有机溶剂(二甲苯、丙酮等)擦拭。

(5)用过的吸管

用过的吸管应及时浸泡在水中,进行清洗。清洗后的吸管,倒转使吸管顶尖向上,将吸管内的水分晾干,或放在烘箱内烘干。

3. 塑料器皿的清洗

新购置的硅胶塞带有大量滑石粉,应先用自来水冲洗,再用2%的 NaOH 溶液煮沸 10～20 min,除去胶塞上的蛋白质,用 5%盐酸溶液浸泡 30 min,最后用自来水冲洗干净。

4. 器材的包扎

为避免二次污染,在灭菌前,洗涤干净且自然干燥或烘干的玻璃器皿,需进行必要的包扎。常规的包扎采用牛皮纸或报纸,主要防止瓶口污染,包括玻璃培养皿、移液管、试管、三角瓶等的包扎。

第二章　病原菌的形态观察

细菌为单细胞的原核生物，其基本形态有 3 种，即球状、杆状和螺旋状，分别被称为球菌、杆菌和螺旋菌。

通常，球菌是根据其大小和分裂后细胞的排列状态描述的。其大小以直径表示，多为 0.5～1.0 μm。根据细胞分裂后的排列方式可分为以下几类：如新的个体分散而单独存在时成为单球菌；两个细胞成对排列时被称为双球菌，如肺炎双球菌；经两次分裂形成的 4 个细胞连在一起时被称为四联球菌，如四联微球菌；多个细胞排成链状时被称为链球菌，如化脓链球菌；若细胞沿着三个互相垂直的方向进行分裂，且分裂后的 8 个细胞叠在一起时，被描述为八叠球菌；但如果细胞无定向分裂，形成新的个体排列成葡萄串状时，就是我们通常说的葡萄球菌，如金黄色葡萄球菌。球菌的排列方式具有种属特异性，依照排列方式可鉴别不同的球菌。

杆菌是根据其两端形态、大小和长宽比例等进行观察描述的。菌体两端形态各异，如钝圆、平截或略尖等。其大小常以宽度×长度表示，一般为(0.2～1.25) μm×(0.5～5.0) μm。细胞分裂后的排列状态有单杆菌、双杆菌、链杆菌等。各种杆菌的长度与直径比例差异很大，有的粗短，有的细长。杆菌是细菌中种类最多的，如大肠杆菌、枯草芽胞杆菌等。

螺旋菌是根据大小、细胞弯曲度和螺旋数目描述的。其大小一般为(0.3～1.0) μm×(1.0～50) μm；根据细胞弯曲程度和螺旋数目分为两类，如果菌体弯曲不足一圈，似逗号时被称为弧菌，如霍乱弧菌；若菌体回转如螺旋状时则被称为螺菌。

细菌的形态是细菌的重要特征之一，也是细菌检验的重要内容之一。细菌的形态观察是细菌分类和鉴定的基础，可为细菌的进一步鉴定提供重要的参考依据，该方法不仅可了解病料中病原菌的存在状况，还可根据形态、结构和染色特性，为快速选用有效的抗生素进行疾病治疗提供参考。

第一节 标本制备

一、不染色标本的制备

由于细菌未染色时无色透明，所以在光学显微镜下观察时主要靠细菌与周围环境的折光率不同。又因二者间折光率差别甚小，所以常无法清楚地看到细菌的形态与结构特征。

不染色标本通常用于观察细菌动力及运动情况。检查细菌动力时需注意区分真正运动和分子运动；前者是由细菌鞭毛引起的有方向性的位移，而后者只是在原位颤动，也就是由于水分子撞击细菌而引起的布朗运动。有鞭毛的细菌在镜下呈活泼有方向的运动，无鞭毛的细菌仅有布朗运动。常用的检查方法为压滴法和悬滴法。两种方法均需注意的是：标本片制备后应立即观察，以避免水分蒸发后影响结果的观察。

（一）压滴法

（1）取 1 张清洁载玻片，用接种环取蒸馏水 1 滴，放在玻片上（如为液体时可不加水）。

（2）以灭菌好的接种环取待检材料少许，混合于水滴中，取盖玻片 1 张，小心地盖在水滴上。放置盖玻片时应注意先将盖玻片的一端接触菌液，缓缓放下，以免产生气泡。

（3）先用低倍镜观察，找到细菌所在部位后再换高倍镜观察，看细菌能否运动？需要注意的是镜检时光线不宜太强。

(二)悬滴法

(1)取1张洁净的凹玻片,在凹窝四周涂少许凡士林。

(2)将1小滴蒸馏水置于盖玻片中央,以灭菌好的接种环取待检材料少许,混合于水滴中;注意不要涂开,材料不宜过浓;若为液体时可直接将液体培养物置于盖玻片上即可。

(3)将凹玻片倒扣于盖玻片上,使凹窝中央正对着待检物。

(4)迅速翻转载玻片,用小镊子轻压,使盖玻片与凹窝边缘粘紧封闭,以防水分蒸发。

(5)检查时,先用低倍镜找到悬滴边缘,然后将悬滴置于视野中央,再换高倍镜。观察时,应降下聚光器、缩小光圈、减少光亮,使背景较暗时易于观察,必要时可用油镜检查。

二、负染色标本的制备

负染色法(negative stain)常用于不透光液体标本的镜检。因染色处理过程不是针对菌体本身,而是菌体周围的背景,因此又被称为"衬托染色法""间接染色法"。因为菌体表面带负电,负染色过程使用的酸性染料如伊红或苯胺黑的色原也带负电,所以细菌不着色,只能使背景染色。此时,没有着色的细菌在染色背景下就能很容易观察到。

染色步骤如下:

(1)取1小滴苯胺黑染色液,滴于洁净玻片一端。

(2)以灭菌好的接种环取待检材料少许,置入苯胺黑染色液中立即涂开。

(3)取1张盖玻片,将其一端置于苯胺黑染色液边缘,呈30°角向另一端推去,使混合液成一薄层涂膜。

(4)将玻片置空气中自然干燥,不宜加热固定。用油镜检查,可在黑色背景中观察到不着色的细菌。

三、染色标本的制备

细菌为单细胞的微生物，细胞小而透明，普通光学显微镜下难以识别，必须对细菌标本片进行染色处理，使染色后的菌体与其周围背景形成显著的色差，才能有助于其形态和结构的清晰观察。因此，细菌染色技术是观察其形态结构，作为鉴别细菌的一个重要依据。

细菌标本经染色后，细菌与其背景在颜色上形成鲜明对比，不仅可清楚地观察到菌体形态特征，还可看到一些微细的结构。更为重要的是，根据不同细菌对染料的着色程度和染色反应差异，还可对细菌进行分类鉴定。因此，熟练掌握和应用细菌染色技术，对细菌鉴定和疾病诊断具有重要意义。

细菌染色标本片制备的过程通常包括：涂片（抹片、触片）、干燥、固定和染色四个步骤。

（一）细菌涂片（抹片、触片）制备

1.载玻片的准备

细菌标本片制备用的载玻片应清晰透明、清洁而无油渍，滴水后能均匀展开，具有良好的附着性能；若存在残余油渍，可滴加95%酒精2～3滴，用清洁纱布擦拭后在酒精灯外焰上轻轻过2～3次即成。油渍严重时，可在玻片上滴加1～2滴冰醋酸，用纱布擦净后在酒精灯火外焰上轻轻拖过2～3次。

玻片洁净后，用玻璃铅笔在预涂材料处的背面，划一个直径1.5 cm的圆圈，用以标记样品的位置。

2.涂片（抹片、触片）方法

根据病料样品的性质差异，涂片方法如下。

（1）菌落等非液体材料涂片

菌落、脓汁、粪便等非液体材料涂片时，先用接种环（又称铂

金耳)取 1～2 环生理盐水置于载玻片上,然后将接种环灭菌后,蘸取少许菌落、脓汁或粪便等材料,置于生理盐水中混匀,涂成直径约 1.5 cm 的薄层涂膜,注意此膜要保证均匀、菲薄,待自然干燥即可。

(2)液体(菌液)材料涂片法

细菌液体培养物、血清、组织渗出液、乳汁等液体材料,可直接用灭菌接种环取 1～2 环均匀地涂布在载玻片上,使其成直径为 1.5 cm 左右圆形或椭圆形均匀、菲薄的涂膜,待自然干燥后备用。

(3)血液抹片法

先取一张干净无油垢且边缘整齐的载玻片,其一端蘸取少许血液,以 45°角放在另一张干净无油垢的载玻片一端,从该端向另一端推成薄而均匀的血膜,待自然干燥后备用。

(4)组织脏器触片法

先用镊子夹持大小适中的小块组织,然后以灭菌剪刀剪取新鲜切面,以组织块新鲜切面在载玻片上压印(触片)或涂成一薄层,待自然干燥后备用。

3.固定

固定可将菌体蛋白凝固附着在载玻片上,防止染色过程中被染色液冲洗掉,同时可改变细菌胞壁的通透性,利于染液渗入。另外,固定过程在一定程度上可将抹片中的微生物部分灭活。

但必须注意,固定过程并不能保证杀死所有细菌,也不能完全避免染色水洗时不将部分细菌冲洗掉。因此,在疑似烈性病原菌感染的病料处理时,特别是带芽胞的病原菌抹片和染色时,应严格灭菌处理染色用过的残液和抹片本身,防止引起病原的扩散。

常用的涂片固定方法主要有以下两种。

(1)火焰固定

涂片(抹片、触片)最好在室温中自然干燥后,取已自然干燥的涂片(抹片、触片),涂面向上,以其背面在酒精灯外焰上来回拖过数次进行固定,以不烫手为度,不能太热。冷却后即可进行染色。

(2)化学固定

血液、组织、脏器等抹片进行姬姆萨染色或单染色时,需要用甲醇固定而不用火焰固定,即将已自然干燥的标本片浸入甲醇中1～3 min后取出晾干;或在抹片上滴加数滴甲醇作用2～3 min后,自然挥发干燥即可。

涂片(含抹片、触片)进行瑞氏染色时,不必作特别固定,因染色液中含有甲醇可起到固定作用,自然干燥后直接滴加染色液即可。

第二节　染色液的配制和染色方法

一、常用染料的分类

用于细菌染色的染料很多,通常可分为3类,即碱性染料、酸性染料和单纯染料。

一类:碱性染料中常用的有美蓝、甲基紫、草酸铵结晶紫、醋酸洋红、碱性复红、中性红、孔雀绿和番红等,电离后带阳性电荷,易与带阴性电荷的物质结合而使其着色。通常,细菌等电点较低,在中性或碱性,甚至弱酸性溶液中常常带阴性电荷。因此,带阴性电荷的细菌和带阳性电荷的碱性染料易于结合,在细菌学检验中广泛采用。

二类:酸性染料中常见的有伊红、刚果红、酸性复红等,常用其钠盐、钾盐、钙盐或铵盐等形式,电离后带阴性电荷,能和带阳性电荷的物质结合。鉴于菌体常带阴性电荷,因此细菌本身的染色很少使用,但可用于感染组织的细胞质。

三类:单纯染料,这类染料的化学亲和力低,染色能力视其能否溶于被染物而定。大多数为偶氮化合物，不溶于水，可溶于脂肪溶剂中，如苏丹类染料，常用于脂肪组织的染色。

二、各种染料储存液的配制

多数染料都可配成酒精饱和溶液，以便长期保存，使用时根据要求进行稀释配制。常用染料在水和95%酒精中溶解度见表2-1。

表 2-1　常见染料的溶解度

名　称	100 mL 水中的饱和度(g)	100 mL 95%酒精中的饱和度(g)
结晶紫	1.68	13.87
龙胆紫	2.5～4.0	10.0
碱性复红(含量 20%)	1.13	3.2
美蓝(亚甲基蓝)	3.35	1.48
沙黄(番红)	5.45	3.41
苦味酸	1.18	8.92
刚果红		0.19
硫堇	0.25	0.25
中性红	5.64	2.54
孔雀绿	7.6	7.52
甲基蓝	2.93	15.21
黄色伊红	44.2	2.18
苏丹Ⅲ		0.15
派若宁 C	8.96	0.60
派若宁 B(氯化物)	0.07	1.08
伊红 B(钠盐)	39.11	0.75

三、染色液配制及染色方法

(一)简单染色法

简单染色法是指用单一染色液对标本片的染色。常用简单染色法包括美蓝染液、结晶紫或石炭酸复红等。

1. 碱性美蓝染色法

(1)染色液配制:称取美蓝(亚甲基蓝)0.3 g,溶解于95%酒精30 mL中,加入1∶10 000氢氧化钾溶液100 mL,混合后即成碱性美蓝染色液。如果要获得多色性美蓝染色液,可将配好的美蓝液,倾入大瓶中,松松地加以棉塞,每天振荡5 min,时常以蒸馏水补足失去的水分,经过较长时间的处理,即可获得多色性美蓝染色液,该染液贮藏时间越久,染色效果越好,久贮的碱性美蓝染液甚至还可染出细菌的荚膜(荚膜呈红色,菌体呈蓝色)。

(2)染色方法:染色时取固定完毕的涂片,加染色液数滴,经过3~5 min后以水冲洗掉染液,干燥后即可镜检。镜下菌体呈蓝色,多色性美蓝液可将细菌荚膜染成浅红色。

2. 结晶紫和石炭酸复红染色法

结晶紫和石炭酸复红染液,虽可进行细菌涂片的单染色,但单用时,显微镜下观察细菌全部被染成红色或紫色,难以区分革兰氏阴性和阳性。

(二)革兰氏染色法

革兰氏染色法是最常用的鉴别染色法之一。其原理是:细菌涂片经结晶紫初染和碘液媒染后,在细胞壁内可形成不溶于水的结晶紫与碘的复合物,革兰氏阴性菌的细胞壁,其脂类含量较多,当以95%酒精脱色时,脂类被溶去,使得细胞壁孔隙变大,故能让结晶紫与碘形成的紫色染料复合物被95%酒精洗脱出细胞壁之外,而被复染剂染成红色。而革兰氏阳性细菌细胞壁所含脂类较少，肽聚糖多，经95%酒精脱色时其细胞壁孔隙缩小到不易让结晶紫与碘形成的复合物洗脱出细胞壁外，而被染成紫色。

1. 染色液配制

(1)结晶紫液：结晶紫酒精饱和液(结晶紫 2 g，溶于 20 mL 95%乙醇中)20 mL，1%草酸铵水溶液 80 mL，两液混合，过滤除去颗粒后即成。

(2)碘液：主要成分为碘 0.33 g、碘化钾 0.66 g 和蒸馏水 100 mL。先将碘化钾溶于少量蒸馏水中，然后加碘并不断搅拌使其完全溶解，补加蒸馏水至 100 mL 即成。配制的碘液应贮于棕色玻璃瓶中备用，溶液变黄者应废弃重配、不能使用。

(3)番红溶液：番红 O(afranine，又称沙黄 O)2.5 g，95%乙醇 100 mL，溶解后可贮存于密闭的棕色瓶中，用时取 20 mL 与 80 mL 蒸馏水混匀即可。

2. 染色步骤

取火焰固定的标本片进行如下操作。

(1)初染：加草酸铵结晶紫染色液 1 滴于涂片上，染色 1 min，水洗。

(2)媒染：滴加碘液冲去残水，并覆盖作用约 1 min，水洗。

(3)脱色：将载玻片上的水甩净，并衬以白色背景，用 95%酒精滴洗涂片部位至流出酒精刚刚不出现紫色时为止(20～30 s)，立即用水冲净涂片上的酒精(关键步骤)。

(4)复染：用番红溶液染色 1～2 min，水洗，干后镜检。

染色过程中，应切记不要直接将染色液倾去，而要用水把染色液浮起后再冲洗掉，避免染料颗粒附着在玻片上影响染色效果。

(三)3%氢氧化钾(KOH)检验

3%氢氧化钾检验是简单、快速地分辨革兰氏阳性和阴性细菌的方法。其原理是：革兰氏阴性细菌细胞壁肽聚糖层数少，在稀碱溶液中胞壁易破裂而释放出细菌的染色体DNA,致使KOH与细菌的悬液呈黏性、澄清状态,且经搅拌后可拉出长丝;而革兰氏阳性细菌在稀碱溶液中则保持不变。分子生物学中用碱裂解法提取大肠杆菌质粒就是基于这一原理。

1.试剂配制

3%KOH水溶液,应新鲜配制。

2.检验方法

在洁净玻片上加1滴3%KOH水溶液,用接种环在固体培养基上挑取菌落少许,与玻片上滴加的KOH溶液混匀,并每隔几秒钟上提接种环,观察黏稠性和拉丝状态。若50~60 s内混合液明显变为黏液样或胶样,并有拉丝现象,则判为革兰氏阴性细菌。

该方法的使用注意事项是:KOH溶液与菌落比例应适当,如果菌悬液太稀(加菌落太少)可出现假阴性;KOH溶液应当日配制,否则易出现假阴性;细菌的培养物不能存放太久,最好使用新鲜培养物。

(四)Ziehl-Neelsen抗酸染色法

该方法主要用于分枝杆菌与其他细菌的鉴别染色。其原理是:一方面,因分枝杆菌胞壁中含有大量脂质包围在其肽聚糖的外层,故该类菌一般不易被染色剂着色,需经加热或延长染色时间才能促其着色;另一方面,分枝杆菌中分枝菌酸一旦与染料结合后则很难被酸性脱色剂脱色。因此,Ziehl-Neelsen抗酸染色法利用加热条件下分枝菌酸能与石炭酸复红牢固结合成复合物,盐酸酒精处理不脱色,最后滴加碱性美蓝复染后,观察分枝杆菌为红色,其他细菌及背景中其他物质为蓝色,实现了分枝杆菌与其他细菌及背景的区别。

1.染色液配制

(1)石炭酸复红:碱性复红酒精饱和溶液(0.3 g复红溶于

10 mL 95%乙醇)10 mL，与5%石炭酸90 mL混合即成。

(2)3%盐酸酒精：浓盐酸3 mL与95%酒精97 mL混合即成。

(3)碱性美蓝液：美蓝酒精饱和液30 mL及1：10 000氢氧化钾溶液100 mL，混合后即成。

2. 染色步骤

(1)初染：用玻片夹夹持涂片标本，滴加石炭酸复红2～3滴，在火焰上加热至产生蒸汽(不要沸腾)，加热3～5 min(加热过程中，若染液蒸发减少，应补加染液避免蒸干影响染色质量)，待玻片稍冷后，用水冲洗。

(2)脱色：用3%盐酸酒精脱色，直至无红色退下为止，脱色时间为1～2 min，用水冲洗。

(3)复染：用碱性美蓝溶液复染1 min，水洗，用吸水纸吸干后用油镜观察。抗酸性细菌(如结核杆菌)经此法染色后，被染成红色，非抗酸性细菌及组织细胞呈蓝色。

注意事项：染色过程中切记不要蒸干染液，也不要直接将染色液倾去，而要用水把染色液浮起后再冲洗掉，避免染料颗粒附着在玻片上影响染色效果。

(五)瑞氏(Wright)染色法

瑞氏染料是由碱性染料美蓝和酸性染料伊红按一定比例混合而成。用甲醇溶解瑞氏染料即成瑞氏染液，其中甲醇有两种作用，即甲醇可促使瑞氏染料中美蓝与伊红在溶液中离解，便于不同的细胞成分选择性吸附其中有色物质而着色；甲醇具有强大的脱水力，可将细胞固定成一定形态并增加细胞结构的表面积，提高细胞对染料吸收作用。

1. 染色液配制

(1)瑞氏染色液：称取1 g瑞氏染料粉末置于乳钵内，加少许甘油或甲醇研磨，使染料在乳钵内显“一面镜”光泽，静置片刻后将上层液体倒入清洁储存瓶内（最好用甲醇空瓶），将乳钵内染料继续加甲醇研磨，重复数次，直至 600 mL 甲醇用完为止。将混合液体摇匀后密封瓶口，室温暗处保存备用。注意：储存越久，染料溶解、分解就越充分，以 3 个月以上为佳。

（2）缓冲液：磷酸二氢钾 6.63 g，无水磷酸氢二钠 2.56 g 溶于 1 L 蒸馏水中，pH 6.4～6.8。

2. 染色步骤

（1）按常规方法制备涂片、自然干燥。

（2）在涂片上滴加瑞氏染色液 1～2 滴，作用 1～2 min 后加等量缓冲液或蒸馏水，使其与染色液均匀混合并将缓冲液充分悬起，作用 2～3 min 或直至生金属光泽出现为止。

（3）用蒸馏水冲洗涂片 30～60 s，干燥后镜检。血液抹片和组织触片用此法染色，其中的细菌呈深蓝色。

注意事项：用此法染色前涂片不必事先固定，可直接加染色液于涂片上，借染色液中甲醇作用即可固定。

（六）姬姆萨（Giemsa）染色法

姬姆萨染料由天青Ⅱ和伊红组成，染色原理和结果与瑞氏染色法基本相同。嗜酸性颗粒为碱性蛋白质，与酸性染料伊红结合被染成粉红色；嗜碱性物质如细胞核蛋白和淋巴细胞胞浆蛋白为酸性，与碱性染料美蓝或天青结合被染成紫蓝色；中性颗粒呈等电状态与伊红和美蓝均可结合而被染成淡紫色。通常，姬姆萨染色法对细胞核着色较好，结构显示清晰，而对胞浆和中性颗粒则染色较差。

1. 染色液配制

称量姬姆萨染料粉末 0.6 g，加到 50 mL 甘油中，于 55～60℃ 加热 1.5～2 h 后，再加甲醇 50 mL，过滤后即可获得原液，放入深棕色瓶内，室温放置，待用。

2.染色步骤

(1)按常规方法制备涂片，甲醇固定 1～3 min，干燥。

(2)将姬姆萨原液 1 份与蒸馏水 20 份混合配制成使用液，然后取新配制的姬姆萨染色使用液适量滴加到涂片上，作用 30～60 min 后用蒸馏水冲洗 0.5 min，自然干燥后或吸干后镜检。

本法通常用于血液和细胞涂片、组织触片中细菌、染色体显带、原虫以及某些病毒的包涵体等染色。

对不易着色的螺旋体、立克次氏体、支原体等染色时，常需要加长染色时间甚至过夜染色才有效果，推荐将涂片用甲醇固定 3 min，然后将其置于密闭容器内(为防染色液蒸发)，滴加染色液，过夜后用水冲洗，自然干燥后或吸干后镜检。

(七)细菌芽胞染色法

细菌芽胞的结构致密，通透性差，着色较难，用普通染色法染色时，菌体着色良好但芽胞常呈不染色的轮廓。然而，一旦芽胞着色，脱色就比较困难。因此，芽胞染色的基本方法就是采用着色力较强的染色剂，如石炭酸复红、孔雀绿等染液，经加热染色，使菌体和芽胞同时着色，然后用脱色剂脱去菌体的颜色而保留芽胞颜色，最后用一种染色液复染菌体，使菌体和芽胞形成不同颜色的鲜明对比。

1.孔雀绿沙黄染色法

(1)染色液配制

配制 5%孔雀绿水溶液与 0.5%沙黄水溶液，染料溶解后经滤纸过滤，分别置于玻璃瓶中保存备用。

(2)染色方法

涂片经火焰固定后，将 5%孔雀绿水溶液滴加于玻片上，于火焰加热，使其产生蒸汽并持续 30～60 s(避免染色液蒸干，可以不断补加染色液的量），水洗。用0.5%沙黄水溶液复染0.5 min，水洗吸干镜检。

镜检时菌体呈红色，芽胞呈绿色。

2.复红美蓝染色法

(1)染色液配制

复红和碱性美蓝染液配制见Ziehl-Neelsen抗酸细菌染色法。

(2)染色方法

涂片经火焰固定后，滴加石炭酸复红液（见结核分枝杆菌抗酸染色），加热至产生蒸汽并维持约1 min，水洗。以5%醋酸退色，时间不超过2 s，水洗。用美蓝液染液复染1 min，水洗吸干后镜检。

镜检时芽胞呈红色，菌体呈蓝色。

(八)鞭毛染色法

由于细菌的鞭毛极细，直径为10～20 nm，通常仅能用电子显微镜才能观察到。然而，若在染色前先用媒染剂处理，使媒染剂沉积在鞭毛上以加粗鞭毛直径，然后再进行染色，则可在光学显微镜下看见菌体鞭毛的存在。

常用的媒染剂由丹宁酸和氯化高铁或钾明矾等配制而成。现推荐以下两种染色法。

1.银染法

(1)染色液配制

A液：取丹宁酸20 g，蒸馏水100 mL，在50℃水浴中混合溶解备用。另外，配制6%的三氯化铁溶液，充分溶解备用。临用前将两液等量混合即成A液。

B液：取硝酸银2 g，溶于100 mL蒸馏水中；从中取出5～10 mL备用（作回滴用），在其余的硝酸银溶液中滴加10%氢氧化铵溶液直至出现沉淀，继续滴加氢氧化铵溶液则可使沉淀消失。

当此溶液刚刚澄清时，用预留备用的硝酸银溶液回滴，使溶液中沉淀再次发生，继续再滴则沉淀消失，直到再滴时发现轻微而稳定的雾状沉淀再次出现为宜。

(2)染色步骤

取清洁无油的玻片，加 1～2 环菌液，轻轻涂于玻片表面，自然干燥后置蒸馏水中浸泡 1 min，干燥后滴加 A 液数滴，0.5 min 后用蒸馏水冲洗；待自然干燥后滴加 B 液数滴，加温使其产生蒸气并维持 1 min，用蒸馏水冲洗，干燥后镜检。

镜检时菌体呈深褐色，鞭毛则呈褐色。

2. 莱佛逊(Leifson)鞭毛荚膜染色法

(1)染色液：钾明矾或明矾饱和水溶液 20 mL；20％鞣酸水溶液 10 mL；蒸馏水 10 mL；95％酒精 15 mL；碱性复红饱和酒精液 3 mL；依上列次序将各溶液混合，置于紧塞玻璃瓶中，保存期 1 周。

复染剂：优质美蓝 0.1 g，硼砂 1 g 溶于 100 mL 蒸馏水中。

(2)染色步骤

按上述方法制备标片，加上染色液，在 25～37℃下染色 10～15 min，水洗，干燥镜检。鞭毛和菌体均为红色。若作荚膜染色时，可再加复染剂，染色 5～10 min，水洗，干燥镜检。菌体呈蓝色，荚膜呈红色。

(九)细菌荚膜染色法

荚膜是包围在细菌细胞外的一层黏液状或胶质状物质。由于荚膜与染料的亲和力弱，不容易着色；而且可溶于水，易在用水冲洗时被除去。所以通常用衬托染色法(负染色法)染色，使菌体和背景着色，而荚膜不着色，从而在菌体周围形成一透明圈。值得注意的是，由于荚膜富含水分，制片时应自然干燥，不可以加热固定，避免加热蒸发，影响观察。现推荐以下两种染色法。

1. 多色性美蓝染色法

染料的配制参照美蓝染色法。

染色时将涂片或触片于甲醇中固定 1 min，加长久储藏的吕氏美蓝染色液于玻片上，加热至蒸汽 2～3 min，迅速水洗，吸干后镜检。荚膜呈淡红色，菌体呈蓝色。

2. 墨汁复红荚膜染色

在黑色印度墨水的背景下，可清晰观察到细菌周围环绕着一圈明亮的区域，即粘多糖荚膜，因此印度墨汁可以检测到是否有囊状物包裹的存在，此法用以观察细菌及某种真菌的荚膜等。染色步骤如下。

(1)取稀释石炭酸复红 1 小滴放于玻片上，以接种环挑取少许待检材料于复红液中，混合。

(2)用接种环圈取 10%苯胺黑水溶液 1 小滴置于其中，立即混合，涂布成一薄层，干后检查。可见在黑色的背景与红色的菌体之间，衬托出无色的一圈即荚膜。

还可按如下方法染色：

(1)取苯胺黑与待检材料混合制成涂片。

(2)甲醇固定 1～3 min，并在火焰上微热，干燥后镜检。可见折光强的菌体，在菌体与黑色背景之间为不透明的空隙，即为细菌荚膜。

(十)科兹洛夫斯基氏染色法

1. 染色液配制

A 液：取沙黄 2 g 溶于 100 mL 蒸馏水中；

B 液：取孔雀绿 1 g 溶于 100 mL 蒸馏水中。分别溶解后，用滤纸过滤，然后分别置于不同容器中保存备用。

2. 染色步骤

(1)按常规方法制备标片，滴加 2%沙黄溶液，至火焰上加热至产生蒸汽 1～3 min，水洗。

(2)用 1%孔雀绿溶液染色 1～2 min，水洗，干燥后镜检。布鲁氏菌呈红色，其他细菌呈绿色，故此法又称布鲁氏菌鉴别染色法。

(十一)乳酸酚棉蓝染色法

霉菌往往能形成分枝繁茂的菌丝体，但又不像蘑菇那样产生大型的子实体。霉菌菌丝较粗大，孢子在空气中飘散。常用乳酸酚棉蓝染色法，该法染色时细胞不变形，具有杀菌且不易干燥的特点，是霉菌菌丝、孢子形态分类的重要依据。

1. 染色液的配制

棉蓝 0.025 g，乳酸 1 mL，石炭酸 1.0 g，甘油 2.0 mL，蒸馏水 1.0 mL。配制时，先将后 4 种成分混合，微微加热使之溶解，然后加入棉蓝染料，待溶解后，即可应用。

2. 染色方法

染色时，先取一张玻片，在玻片上滴加 1 滴乳酸酚棉蓝染色液，然后取待检材料置于染色液中，若是菌丝体，用两个针头，轻轻地把菌丝体展开，在其上面加盖玻片，于显微镜下检查，注意光线不宜过强。菌丝、孢子及其他结构均染为蓝色。

(十二)方香那(Fontana)染色法

1. 染色液配制

(1)固定液：醋酸 1.0 mL，甲醛 2.0 mL 及蒸馏水 100 mL 混合而成。

(2)媒染剂：鞣酸 5.0 g，石炭酸 1.0 g，蒸馏水 100 mL 混合而成。

(3)含铵硝酸银：制备方法同鞭毛染色液中的 B 液。即在 0.25% 硝酸银液中，加 10%氨水，待产生沉淀又溶解为止。然后慢慢滴加硝酸银液再出现沉淀，再加出现溶解，再加又出现轻微雾状沉淀为宜。

2. 染色法

标本片制作如常规，在玻片上加固定液 3 次，每次 30 s；用无水酒精洗去固定液，再以酒精作用 2 min，去掉酒精，加媒染剂，加温使之生蒸汽，保持 30 s；水洗，干燥，加硝酸银，加热使生蒸汽 30 s，水洗干燥镜检。在褐色背景下螺旋体呈黑褐色，此法检查钩端螺旋体，效果很好。

（十三）钩体镀银染色法（改良镀银法）

1. 染色液配制

（1）固定液：吐温-80 贮存液（10 mL 吐温-80 加 95% 乙醇 100 mL）2 mL；甲酸（98%～100%）5 mL，乙醇（95%）10 mL。

（2）染色液：硝酸银 5 g，蒸馏水 100 mL 装入褐色瓶内。

（3）显影液：对苯二酚 200 mg，吡啶 2.5 mL，松香饱和液（松香 100 g 加乙醇 100 mL）1 mL，无水亚硫酸钠 50 mg，蒸馏水 40 mL。

2. 染色法

（1）涂片：如是血片时，最好在血滴中加滴制片液（吐温-80 贮存液 2 滴加 10 000 倍硫柳汞水溶液 20 mL），涂片，干燥。

（2）固定：为了加强固定作用，可先通过火焰 3 次，再加固定液固定 3～5 min，厚血膜则需延长时间，待血膜已透明，倒去固定液，玻片放在电热板上烤干（温度约 60℃）。

（3）染色：取染色液滴加在标本片上，加热染色 5 min（加热温度约 60℃），不能使硝酸银液干涸，不能用水冲洗，倒掉染色液，即可进行显影。

（4）显影：从电热板上取下玻片，滴加显影液，摇动 2～3 次后倒掉，再加满显影液，左、右摇动玻片，出现较深的黄色后，立即用水冲洗，冲洗时载玻片要拿平，使水从四周漂出，以免银沉淀在玻片上，洗净后干燥，镜检。显影时间长时，钩体呈深黑色，显影短时则呈浅灰色。

（十四）钩体媒染色法

1. 染色液配制

（1）媒染液：鞣酸 1 g，钾明矾 1 g，中国蓝（水溶苯胺蓝）0.25 g，20％乙醇 100 mL，溶解后过夜，滤纸过滤。

（2）染色液：石炭酸复红 1 份，碱性美蓝液 1 份，等量混合后过滤。

2. 染色法

涂片自然干燥，火焰固定，加媒染剂 5 min 后，水洗，加染色液染色 2 min，水洗，干燥，镜检。钩体紫红色，红细胞淡红色。

（十五）螺旋体负染色法

取被检的液体培养物一环，加上一环优质墨汁（质量较差者可先离心后使用）混合后涂片，自然干燥后镜检，背景染成黑色，螺旋体无色发亮。

（十六）马夏维洛（Macchiavello）染色法

1. 染色液配制

0.25％碱性复红水溶液（pH 7.2～7.4）过滤即可。另用 0.5％ 柠檬酸水溶液及 1％美蓝水溶液，分别作为脱色剂和复染液。

2. 染色法

此法用于立克次氏体-病毒包涵体的染色。涂片或触片加热固定，滴上复红液作用 4 min，用柠檬酸液迅速洗去染料，脱色数秒后立即用自来水冲洗，最后用美蓝染色 15 min，用水冲洗，干燥后镜检，立克次氏体呈红色，组织胞浆呈淡蓝色，细胞核呈深蓝色。

第三节　细菌的形态观察

一、细菌的基本结构和特殊结构

(一)细菌的基本结构

细菌属原核细胞,其细胞的最外层是细胞壁,其内是细胞膜、细胞质(又称胞浆)、原核及内涵物等。这是细菌的共同结构,它们不易在普通显微镜下检查。因此,在细菌鉴定上也不能作为鉴别特征。

(二)细菌的特殊结构

除基本结构外,某些细菌具有特殊结构,如芽胞、荚膜、鞭毛、菌毛等,它们的形成,都需要一定的条件,是基因(染色体或质粒)决定的,具有细菌种的特征,因此在鉴别细菌和分类上有一定意义。

1. 荚膜

大多数细菌在一定条件下能分泌一种黏液或胶状物,或向外扩散,或环绕菌体四周,待积聚相当数量后称黏液层,凝缩后形成荚膜(图 2-1)。荚膜的厚薄与细菌种属有关,有些细菌的荚膜很薄,须电镜或免疫化学方法才能证明其存在。荚膜与染料结合力弱,折光度低,一般可用负染色法,即背景染上颜色,菌体着色,在背景与菌体之间的无色区,就是荚膜;也可用特殊染色,如瑞氏染色、多色性美蓝染色、莱佛逊氏染色等,都可以看到细菌菌体和荚膜的不同颜色。炭疽杆菌在动物体内可以形成良好的荚膜;体外,在一定条件下也可形成荚膜,但不如体内好。炭疽杆菌可与动物体一起腐败瓦解,荚膜的形态清晰,称为菌影。固氮菌、克氏杆菌的荚膜较厚,有时多个菌体形成一个共同的荚膜,称其为菌胶团。

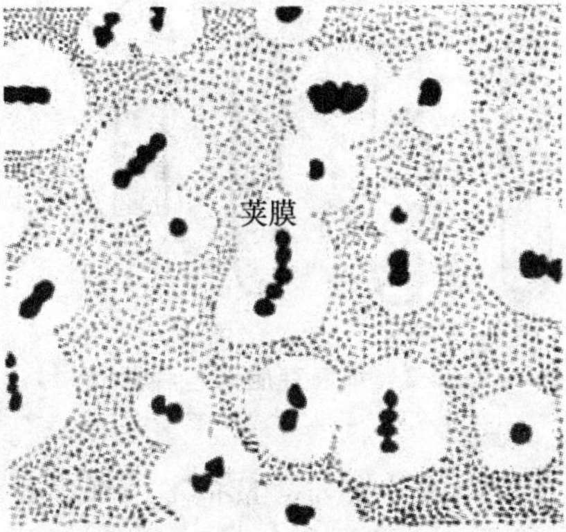

图 2-1　细菌的荚膜

2. 芽胞

有些细菌可产生芽胞，如需氧芽胞杆菌、厌氧芽胞杆菌等。芽胞对光线的折光力强，其壁坚硬致密。一般染色，染料不能渗透进去，对化学药品抵抗力很强。芽胞一般呈卵圆形或圆形，其位置因菌种而异，有中央位、偏端位、次偏端位之分；芽胞的直径有的小于菌体的宽度，有的大于菌体的宽度，大于菌体宽度者菌体呈梭形(图 2-2)。检查细菌的芽胞时，要注意芽胞的形状、大小和位置，以作为鉴定细菌的根据之一。常用的检查方法有：①湿片检查，芽胞呈折光透明的圆点；②普通染色检查，芽胞不着色，在染色的菌体中呈圆形或卵圆形的空泡状构造；③特殊染色检查，芽胞与菌体被染成不同的颜色。

3. 鞭毛

所有的螺旋菌，部分杆菌和个别的球菌有鞭毛，鞭毛是非常纤细而长的丝状物，普通染色不能看到，须用媒染剂处理，使媒染剂沉着于鞭毛上，人工增加鞭毛的直径，然后才能观察到。由于细菌

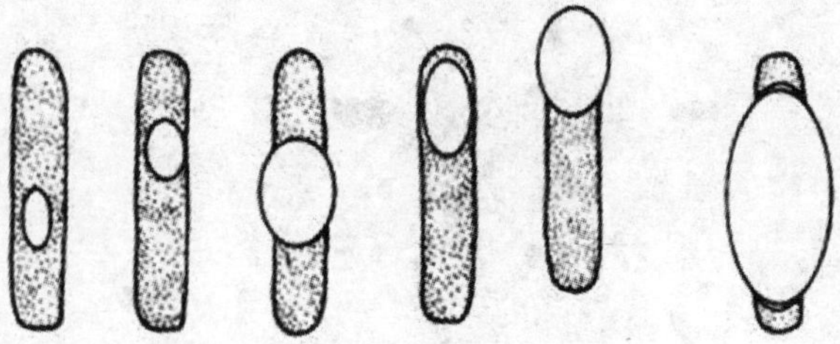

图 2-2　细菌芽胞的各种形状

种的不同，鞭毛在菌体的分布与数量也不一样。有单毛菌、丛毛菌和周毛菌等（图 2-3）。鞭毛可用电镜或鞭毛染色来直接观察。由于鞭毛是运动器官，有鞭毛的菌就能运动，无鞭毛者就不能运动。因此，可通过运动力的观察，了解有无鞭毛。

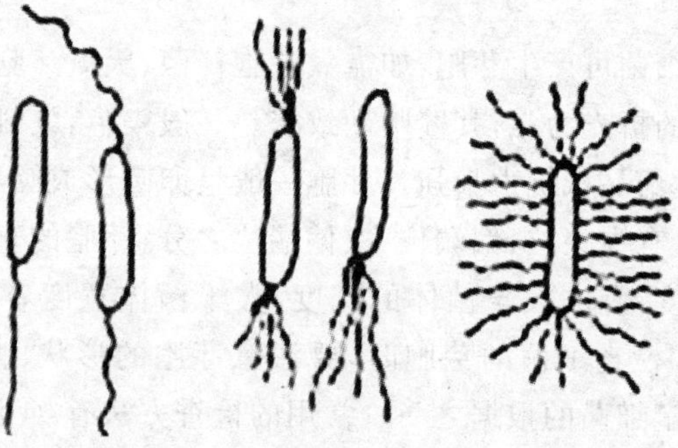

图 2-3　细菌鞭毛的数目及排列

检查细菌运动有以下 3 种方法。

（1）做一张湿片或悬滴标本片，在普通光学显微镜或暗视野显微镜下检查。检查时，细菌的运动应有明显的位移。细菌的运动必须与分子运动或水的流动相区别。分子运动是一种颤动，没有明显的距离变化；当显微镜不平时，细菌和水一起向着一个方向移动，这都不能认为是细菌的运动。细菌的运动方式决定于鞭毛的分布位置，单毛菌或偏端丛毛菌能很快地进行直线运动，而周毛菌的运动没有规律。总之，在一个视野中，会有若干个细菌同时向着不同方向运动，并有距离的改变，表示此菌有动力。

(2)半固体培养基检查，即用接种针挑取少许细菌，穿刺接种到半固体培养基中，置 37℃培养 1～2 d，能运动的细菌，可沿着穿刺线向四周生长，使培养基呈云雾状混浊；不能运动的细菌，只在穿刺线上生长，培养基清朗透明。

(3)用特殊染色法直接观察细菌的鞭毛。特别要注意的是在显微镜下检查运动时，必须用培养 15～16 h 以内的培养物；若用特殊染色检查时，要用 6～8 h 的培养物，否则效果不佳。

二、细菌的形状和排列

细菌的基本形状分为 3 种，即球形、杆状、弧形(或螺旋形)(图 2-4)。

1. 球形

球形细菌称为球菌(coccus)，按其分裂面不同，形成各种排列，因而有各种不同的名称：①微球菌(nicrococcus)，②双球菌(diplococcus)，③链球菌(streptococcus)，④四联球菌(tetracoccus)，⑤八联球菌(sarcina)，⑥葡萄球菌(staphylococcus)。

2. 杆状

杆状细菌称为杆菌(bacillus)，因为菌体长、短、宽、细不一，两端形状或圆、或尖、或呈方形，排列或平行或单独散在，亦有呈链状者称为链杆菌(streptobacillus)，此外，由于菌体分裂后，相互交联在一起，形成其他的一些形状。

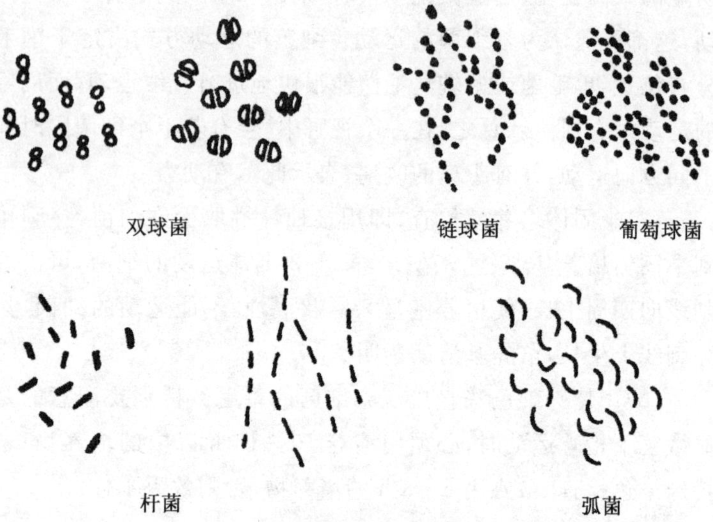

图 2-4　细菌的外形及排列

3. 弧形

弧形或螺旋形体长，菌体僵硬，不能弯曲，两端圆或尖形成螺菌（spirillum）。菌体呈逗点状或弯曲称为弧菌（vibrio）。

三、细菌大小的测量

细菌大小是以微米（μm）计算的，球菌的大小以细胞的直径来表示，一般球菌的直径是 0.5～1.0 μm，但也有少数特别大的球菌，例如巨大泡硫黄细菌（*thiophysamacrophysa*），直径为 40 μm。杆菌的大小以宽度和长度计算，杆菌的宽度一般为 0.4～1.0 μm，长度为宽度的 1 倍或几倍。弯杆菌或称弯曲杆菌，其宽度和长度同杆菌类似。

细菌的大小，可用测微计来测定。测微计分为 2 种，即目测微计和玻片测微计。测定时，现将目测微计装入目镜横隔上，将玻片测微计放在载物台上，按观察标本的方法，先找到玻片测微计的划线，再移动目测微计与玻片测微计，使两者的左边第一条线相叠合，然后再往右找二者又相叠合的线，计算重叠的玻片测微计小格数与目测微计的小格数。目测微计每格大小不定，它的长度随所用显微镜的放大倍数而变。但玻片测微计却有一定的长度，全长为 1.0 mm，共分 100 个小格，故每小格为 1/100 mm，即 10 μm。根据目测微计的格数相当于玻片测微计的格数，即可求出目测微计每格的长度。例如玻片测微计的 4 个小格正好同目测微计的 10 个小格叠合。已知玻片测微计每小格为 10 μm，则目测微计每小格应为：

$$\frac{4\times10}{10}=4(\mu m)$$

在实验室中，应按上述方法，将目测微计之长度，在自己所用显微镜的各种目镜与物镜上，加以测定，并记录在一张卡片上，备用。

当测定细菌大小时，将目测微计放于适当的接目镜中（已知目测微计每小格大小后），然后将细菌涂片放在载物台上，找到细菌后，就可移动涂片和转动接目镜，使目测微计中的格线与菌体密切叠合，并数出小格数，然后根据已知的大小折合成细菌的大小。球菌测菌体直径，杆菌测长和宽，螺菌还须测螺旋宽度和螺旋弯曲度。

第四节　其他微生物形态

一、真菌

真菌的形态有 3 种类型，第一是圆形、椭圆形或延长的圆形，如酵母菌、类酵母菌，是单细胞的真核微生物；第二是丝状，分枝交织成团，称为菌丝体，是单细胞和多细胞的真核微生物，前者有根霉菌、毛霉菌，多细胞的如青霉菌、曲霉菌等，这种丝状真菌一般均称为霉菌；第三是某些真菌可因寄生环境及培养条件的不同，如营养、温度、氧气供给等不同，而出现两种形态，称为二性形态，既有酵母菌的形态，又在一定条件下产生假菌丝，如假丝酵母菌。检查时，可用纯培养做成湿片检查，亦可用病料直接镜检。真菌形态特征的检查要点如下。

(一)霉菌具有菌丝和孢子二种形态

1. 菌丝

真菌在适宜条件下，孢子生芽，长出牙管，逐渐生长呈丝状，称为菌丝；菌丝长出侧枝，交织成团，称为菌丝体。菌丝体又分为营养菌丝、气生菌丝和生殖菌丝。有的菌丝有隔，有的无隔，有隔者是多细胞，无隔者是单细胞。菌丝又有不同形态如螺旋状、球拍状、梳状、结节状、鹿角状等数种(图 2-5)，这些特点都具有鉴别意义。

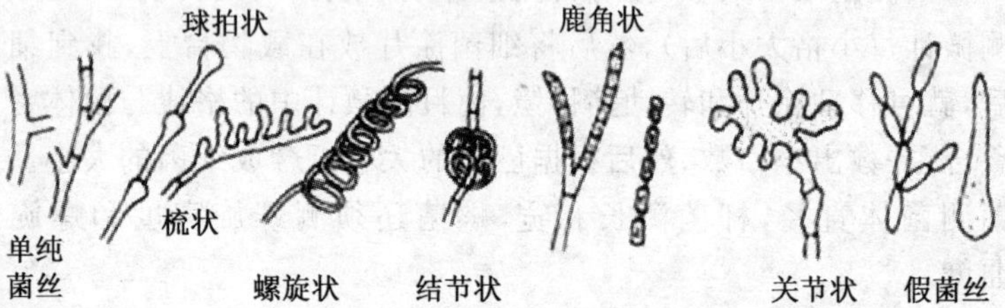

图 2-5　菌丝的形状

2. 孢子

霉菌的孢子种类很多，分为有性孢子(卵孢子、接合孢子、子囊孢子、担孢子等)，无性孢子(如孢囊孢子、分生孢子、节孢子等)(图

2-6）。真菌的孢子是分类鉴定的重要依据。

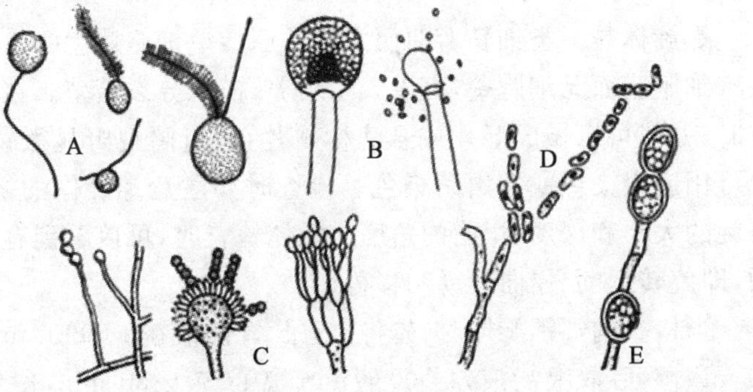

A. 游动孢子　B. 孢子囊孢子　C. 分生孢子　D. 节孢子　E. 厚垣孢子

图 2-6　霉菌的无性孢子

(二)酵母菌是单细胞微生物

其有性孢子是子囊孢子,无性孢子是芽生孢子。酵母菌呈圆形、椭圆形或延长的假菌丝形态,一般比细菌稍大,用高倍镜就可以看见。

二、放线菌

放线菌是细丝状单细胞的原核微生物,菌丝的宽度与细菌相似,主要用菌丝繁殖或孢子繁殖,可以在人工培养基上生长。检查牛放线菌病时,取病料,即硫黄颗粒,制成切片,或用 2 张玻片,把颗粒压碎,放在显微镜下检查,中央部分是纤细而密集的分枝菌丝,其边缘是排列整齐的棒状物。若用革兰氏染色,可见中央为革兰氏阳性,边缘为革兰氏阴性的微生物。培养物标本片的制作同细菌,多用单染色法染色。检查时也可能看到放线菌的孢子。

三、螺旋体

螺旋体是一类细长弯曲而柔韧的原核单细胞微生物。螺旋体只有细胞膜而无细胞壁，可以人工培养，横双分裂繁殖。在形态检查时，一般可以做成湿片或悬滴标本片，进行暗视野显微镜观察，也可用镀银染色或姬姆萨染色。检查时要注意螺旋体的螺旋数、螺旋的大小和深度、弯曲的角度。活体检查时，可以看到有 3 种运动，即旋转运动、屈曲运动和移行运动。

当检查钩端螺旋体时，先将血、尿、脊髓液在 1 000 r/min 离心 10 min，然后取上清液，4 000 r/min 离心 30～60 min，使钩体下沉，取沉淀物进行镜检、分离培养和动物试验。取沉淀物 1 滴，制作湿片，用暗视野显微镜检查，可以看到活泼运动的一端或两端有钩的螺旋体；方氏镀银染色时，有 S、C、L 或 O 字形棕色的螺旋体。检查猪痢疾密螺旋体时，可用大肠黏液制成湿片或染色片。

四、霉形体

霉形体又称支原体，它没有细胞壁，小的可通过滤器，大的丝状有 150 μm，多呈球形、星状、杆状、环状等形态。可以在人工培养基上生长，双分裂或芽生繁殖，是属于原核细胞的一类多形微生物。形态检查时，最好用姬姆萨染色法。

五、立克次氏体

立克次氏体是比细菌稍小的原核微生物，不能在人工培养基上生长（在动物体、细胞或鸡胚上繁殖），具有两种核酸，二分裂繁殖，可以在光学显微镜下看到。镜检时，可按常法制成涂片，用姬姆萨染色、麦氏染色等，是球状、球杆状或两极状；诊断时，最好能看到在细胞内的立克次氏体，以免误诊。

六、衣原体

衣原体与立克次氏体相似，其重要区别是衣原体在易感细胞上有一个规律的发育史，并不依赖节肢动物传播，所以也是属于原核细胞的一类微生物。衣原体的形态检查与立克次氏体相同。

第三章　病原菌的分离培养

在疾病诊断过程中，若能在发病动物的病料样品中分离获得病原菌，并按照科赫法则进行致病性确认，是感染性疾病确诊的最高标准。而细菌分离培养则是病原体检测鉴定的基本方法和初始技术。分离培养就是将病料样品中的病原菌或将其他样品中的目标细菌从混合材料中分离出来，获得单一的培养物以进行诊断或相关研究工作。分离培养细菌需提供充足的营养以及最适酸碱度、温度和气体环境。由于细菌对培养条件的要求各不相同，培养的难易程度有所差异，部分病原菌可在人工培养基上生长，而另一部分则在人工培养基很难培养成功。

第一节　常用培养基及其制备

培养基(culture mediμm)是人工配制的基质，含有细菌生长繁殖必需的营养物质。培养基制成后，通常都要经灭菌处理。

一、常用培养基种类

按照不同的依据培养基可分为多种类型。

(一)按照培养基的成分，可分为以下3类

1.合成培养基

合成培养基的各种成分完全是已知的各种化学物质。这种培养基的化学成分清楚，组成成分精确，重复性强，但价格较贵，且病

原菌在这类培养基中生长较慢。如高氏一号合成培养基、察氏(Czapek)培养基等。

2.天然培养基

由天然物质制成,如蒸熟的马铃薯和普通牛肉汤,前者用于培养霉菌,后者用于培养细菌。这类培养基的化学成分很不固定,也难以确定,但配制方便,营养丰富,培养效果好,所以常被采用。

3.半合成培养基

在天然有机物的基础上适当加入已知成分的无机盐类,或在合成培养基的基础上添加某些天然成分,如培养霉菌用的马铃薯葡萄糖琼脂培养基。这类培养基能更有效地满足病原菌对营养物质的需要。

(二)按照培养基的物理状态,可分为以下3类

1.液体培养基

是将各种营养成分溶于水中,调整pH并灭菌制成的溶液。这种培养基的成分均匀,病原菌能充分接触和利用培养基中的养料,适于大规模工业生产及在实验室进行微生物的基础理论和应用方面的研究。

2.固体培养基

在液体培养基中加入1%~2%的琼脂,加热融化再冷却凝固,即成固体培养基。固体培养基常用于病原菌分离、鉴定、计数、生物活性检测等,可制成试管斜面或倾倒平皿。

3.半固体培养基

在液体培养基中加入少量凝固剂(如0.5%琼脂),而呈半固体状态。可用于观察细菌的运动、鉴定菌种和测定噬菌体的效价等方面。

(三)按照培养基用途,可分为以下5类

1.基础培养基

基础培养基是含有多数细菌生长繁殖所需的基本营养物质的培养基。常用新鲜牛肉浸膏,加入适量的蛋白胨、NaCl、磷酸盐,调节pH至7.2~7.6即成。

2.营养培养基

营养培养基是在基础培养基中添加葡萄糖、血液、血清、动植物组织提取液而制成。最常用的是血琼脂平板,是在营养琼脂中加入5%新鲜血液而制成。用于培养要求比较苛刻的某些病原菌。

3.选择性培养基

选择性培养基是在普通培养基中加入特殊营养物质或化学物质,以抑制不需要的病原菌生长,有利于所需细菌的生长。用于将某种或某类细菌从混杂的微生物群体中分离出来。如麦康凯培养基、SS培养基、伊红美蓝培养基等。

4.鉴别培养基

鉴别培养基是针对特定菌种设计,据其特定产物,在培养基中加入特定作用底物和显色指示剂,凭肉眼识别颜色即能鉴别菌种,如三糖铁培养基、麦康凯培养基、刚果红培养基等。

5.厌氧培养基

厌氧培养基是为培养厌氧菌而设计,在培养基中加入还原剂如巯基乙酸钠等,或用液体石蜡、凡士林封住培养基表面,隔绝空气,有的还需放入无氧气培养箱维持无氧环境。疱肉培养基是最常用的厌氧培养基之一,其中所含的不饱和脂肪酸和谷胱甘肽的肉渣起到了还原剂的作用。

二、培养基制备的基本要求和一般过程

(一) 培养基制备的原则和要求

(1)培养基必须含有细菌生长繁殖所需要的营养物质。所用的化学药品必须纯净,称取的分量务必准确。

(2)培养基的酸碱度应符合细菌生长要求。按各种培养基要求准确测定调节 pH。多数细菌生长的适宜 pH 为 7.2～7.6,呈弱碱性。

(3)所用器皿须洁净,忌用铁或钢质器皿,要求没有抑制细菌生长的物质存在。

(4)培养基的灭菌时间和温度,应按照各种培养基的规定进行,以保证灭菌效果及不损失培养基的必需营养成分。培养基经灭菌后,必须置 37℃温箱中培养 24 h,无菌生长者方可使用。

(5)制成的培养基应该是透明的,以便观察细菌生长性状以及其他代谢活动所产生的变化。

(二) 培养基制备的一般过程

不同用途和组成的培养基制备方法有所不同,一般步骤如下。

(1)准确称量试剂:根据不同的种类和用途,选择适宜的培养基,按培养基配方准确称量各种原料,培养基所用药品必须达到化学纯或分析纯。

(2)溶解、校正 pH:将称量好的培养基各种成分放入容器内,加热溶解,补充水分,测定酸碱度,常用 pH 6.8～8.0 的精密试纸或酸度计测定。用 1 mol/L NaOH 和 1 mol/L HCl 调节 pH 到适宜范围内。

(3)过滤:将玻璃漏斗置铁架上,再用纱布夹棉花或用滤纸放在漏斗中,将上述培养基倒入其中过滤至透明。

(4)分装:将过滤后的培养基分装于试管或三角瓶内,塞好棉

塞用牛皮纸包扎好，准备灭菌。

(5)灭菌：培养基的灭菌，常用高压蒸汽灭菌法。一般微生物的营养细胞在水中煮沸后即被杀死，但细菌的芽胞有较强的抗热性，须经高压蒸汽灭菌才能达到彻底灭菌的目的。根据蒸汽温度随压力升高而上升的原理，即压力越大，蒸汽温度就越高。因此，在同一温度条件下，采用高压蒸汽灭菌比干热灭菌法效果要好。而且在湿热情况下，菌体吸收水分后，其蛋白质易于凝固变性，因为蒸汽的穿透力强，杀菌效果好。

高压蒸汽灭菌，一般采用15磅/英寸^2(即1.05 kg/cm^2)压力，此时的温度是121.3℃。灭菌20～30 min后，可达到完全灭菌的目的。在进行灭菌的时候，首先要把灭菌锅内的冷空气排出，否则，冷空气存在会降低锅内的实际温度，影响灭菌效果。注意不同培养基的灭菌温度和时间可能不同。

(6)培养基中的某些成分，如血清、腹水、糖类、尿素、氨基酸、酶、抗生素等在高温下易发生分解、变性，故应用细菌滤器过滤除菌后，再按照规定的温度和量放入预先灭菌好的培养基中。

(7)取制备好的培养基，置于37℃恒温箱内24 h，无菌生长者即可使用。

三、通用培养基的配制

配制供细菌、酵母菌、放线菌和霉菌生长用的通用培养基的程序大致相同，即先按配方称取药品，用少于总量的水分先溶解各组分，待完全溶解后补足水至所需的量，再调整pH，然后将培养基分装于合适的容器中，经灭菌后保存备用。有些实验要求将配制的培养基放在合适的温度下培养过夜，待确证无杂菌后，才可使用。

培养异养细菌最常用的培养基是牛肉膏蛋白胨培养基，它是一种天然培养基。牛肉膏是牛肉浸液的浓缩物，含有丰富的营养物质,它不仅能为微生物提供碳源、氮源,还含有多种维生素。蛋白胨是酪蛋白、大豆蛋白或鱼粉等经蛋白酶水解后的中间产物,含有胨和氨基酸等丰富的含氮素营养物,因此完全满足大多数异养细菌对营养的需要。

配制适合于厌氧菌生长的培养基时,通常须在培养基中加入适量的还原剂如巯基醋酸钠、维生素C或半胱氨酸等来降低培养基的氧化还原电位,以利厌氧菌的生长。

(一)配制牛肉膏蛋白胨培养基(培养细菌用)

1. 配方及配量

牛肉膏0.3 g,蛋白胨1 g,NaCl 0.5 g,琼脂粉1.5 g,蒸馏水100 mL。

2. 称取药品

按培养基配方与配量分别称取各药品(药匙切莫混用,瓶盖及时盖上)。取少于总量的水于烧杯中,将各培养基成分(除琼脂粉外)逐一加入水中待溶。

3. 加热溶解

将玻璃烧杯放在石棉网上,用文火加热,并不断搅拌,促使各药品迅速溶解,然后补充水分至所需配量。有时要配制成多倍浓度的培养基,其加水量按浓度计算即可。

4. 调节pH

初配好的牛肉膏蛋白胨培养液是微酸性的,故需用1 mol/L的NaOH调节pH至7.2~7.4。为避免调节时过碱,应缓慢加入NaOH液,即要边滴加NaOH边搅拌培养基,然后用pH试纸测定酸碱度。也可先取10 mL培养液于干净试管中,逐滴加入NaOH调pH至7.2~7.4,并记录NaOH的用量,再换算出培养基总体积中需加入NaOH的量,即可防止碱过量,并避免因用盐酸回调而引入过度的氯离子。

5.过滤

若需配制出清澈透明的液体培养基，则可用滤纸过滤。固体培养基去杂质可用4层纱布趁热过滤。但供一般使用的普通培养基可省略此步骤。

6.分装

将配好的培养基分装在相应的玻璃器皿内待灭菌。

(1)分装三角瓶：取上述牛肉膏蛋白胨液体培养基150 mL分装于250 mL三角瓶中，然后每瓶中加入琼脂粉2.2～2.3 g(按1.5%计算)。此法可使融化琼脂和灭菌同步进行，以节省配制培养基时融化琼脂所需的时间。三角瓶内培养基的装量以不超过总容量的1/2～3/5为宜，若装量过多，灭菌时培养基在沸腾中易沾污棉塞及存放中易导致瓶内培养基的染菌等。

(2)分装试管：将融化的固体培养基趁热用漏斗分装到试管中。用于制作斜面培养基时，装量不应超过试管(15 mm×150 mm)高度的1/5(3～4 mL)。分装时谨防培养基沾在试管口上，以免使棉塞沾上培养基，造成灭菌后的斜面在贮存中易出现染菌现象。

7.加棉塞

试管口和三角瓶口塞上用普通棉花(切勿用吸水棉)制作的棉塞。

(1)试管棉塞：棉塞形状(形如未开伞之幼嫩蘑菇)、大小和松紧合适，应正好塞入试管至一定部位，其作用是防止杂菌侵入和有利气体交换。加塞时应使棉塞总长的3/5塞入试管口，以防止棉塞脱落。也可用铝质或不锈钢的试管帽等替代棉塞，但操作中的手感等不如棉塞舒服，其通气防污效果也稍差些。

(2)三角瓶塞：三角瓶的口径较试管大，制成的棉塞外包一层纱布，这样的棉塞既耐用又便于操作。现常用嵌着通气瓷块的塑胶瓶塞代替棉塞，但其操作时的手感等较差。

8.包扎

在棉塞外再包上一层牛皮纸，以防灭菌时冷凝水直接沾湿棉塞及存放中防止尘埃等污染。若培养基分装于试管中，则应先把试管成捆扎牢（用传统的打结法，严防捆内试管脱出），再在成捆试管的棉塞外包上一层牛皮纸扎紧，然后挂上标签，注明培养基名称、日期等后进行灭菌。

9.灭菌

将待灭菌的培养基放入加压灭菌锅内，于121℃灭菌20 min。

10.搁斜面

灭菌后，如需制成斜面的试管培养基，应待培养基冷却至50～60℃（以防止斜面上呈现过多的冷凝水）后搁置成斜面（凝固前切莫移动试管）。搁置时只要将管口一端搁在玻璃棒或其他高度适宜的木棒上，调整搁置斜面的倾斜度，以斜面的长度不超过试管总长的1/2为宜。

11.贮存

经无菌检验，证实培养基已灭菌彻底后，才能收藏于冰箱或清洁的柜内贮存备用，在存放期间应尽量避免反复移位或晃动等易造成污染的操作。

(二)配制厌氧菌培养基

1.配方

蛋白胨5 g，酵母膏10 g，葡萄糖10 g，胰酶解酪蛋白5 g，盐溶液（0.85%NaCl溶液）10 mL，0.025%刃天青液4 mL，半胱氨酸盐酸盐0.5 g，琼脂15 g，蒸馏水1 000 mL。该培养基中的半胱氨酸为还原剂。刃天青是氧化还原指示剂，它具有双重作用，在有氧条件下起 pH 指示剂的作用,即在碱性时呈蓝色,酸性时呈红色,中性时呈显紫色。而当培养基处于无氧状态时,刃天青变为无色。此时,培养基的氧化还原电位约为−40 mV,可满足一般厌氧菌的生长繁殖。

2.称药品

称取除半胱氨酸和盐溶液以外的各成分于烧杯中,加水溶解后,再加盐溶液和刃天青溶液,最后加半胱氨酸。

3.调节 pH

用 1 mol/L 的 NaOH 调节 pH 至 7.0。

4.分装

取培养基 100 mL 加入 150 mL 容量的血浆瓶内,再加 1.5% 琼脂粉,旋紧瓶盖。

5.灭菌

在每一血浆瓶塞上插一枚注射器的枕头,放入加压蒸汽灭菌锅内,121℃灭菌 20 min。灭菌完毕打开灭菌锅后应立即拔去针头,以减少冷却中空气溶入培养基而增加溶解氧,在培养基冷却中若用高纯氮气维持瓶压的下降,则培养基的无氧状态保持得更好。

6.加热驱氧

灭菌后,随着放置时间的延长,则培养基中的溶解氧也随之增加(液体培养基更易溶入氧气),因此在使用前必须把培养基放入沸水浴中加热以驱除溶解氧,直至血浆瓶内刃天青退至无色时才可使用。

(三)疱肉培养基(用于培养和保藏厌氧菌)

1.去膘牛肉

取已去筋膜、脂肪的牛肉 500 g,切成黄豆大小的颗粒,放入盛有 1 000 mL 蒸馏水的烧杯中,用文火煮沸约 1 h。

2.过滤

用纱布过滤后取若干牛肉渣粒装入试管，装量达 15 mm 左右的高度。再于各试管中加入 pH 7.4～7.6 的牛肉膏蛋白胨液体培养基 10～12 mL，最后塞上黑色异丁基橡胶塞。

3.灭菌

在异丁基橡胶塞上插 1 枚注射器针头，放入灭菌锅内，121℃灭菌 20 min。灭菌后立即拔去枕头，并塞紧管塞。

4.使用前驱氧

若厌氧培养基在存放中有氧气渗入，使用前置水浴中煮沸 10 min，以除去溶入的氧，在高纯氮气饱和下冷却后避氧无菌操作接种。

四、鉴别培养基的配制

鉴别性培养基是一类针对特定菌种设计的培养基，据其特定产物，在培养基中加入特定作用底物或显色指示剂，凭肉眼识别颜色来鉴别不同的菌种。其一如伊红美蓝琼脂，在其配方中含有乳糖、伊红和美蓝，用以鉴别肠道病原菌及其他杂菌。其二是乳糖胆盐发酵培养基，可用于食品卫生中大肠菌群的检测。该培养基中含有胆盐 5 g/L，能抑制大部分非肠道细菌的生长，而不能抑制大肠菌群的生长。其三是亚硫酸铋琼脂(BS)，常用于分离伤寒和副伤寒沙门氏菌，在此培养基中含有葡萄糖、亚硫酸钠、柠檬酸铋铵和煌绿，它们既是抑菌剂，又是指示剂，能抑制革兰氏阳性菌和大肠杆菌的生长，对伤寒和副伤寒沙门氏菌无影响。

需注意的是，因为糖类经高温灭菌后会发生不同程度的水解，因此应避免高温高压灭菌，可采用降低压力、温度灭菌，或用过滤除菌方法灭菌，或将糖类单独灭菌后，再加到培养基中，以免因糖类被水解而影响使用效果。

(一)伊红美蓝(EMB)培养基的配制

1. 培养基组分

乳糖 10 g,蛋白胨 10 g,K_2HPO_4 2.0 g,2%伊红溶液 20 mL,0.65%美蓝溶液 10 mL,琼脂 15~20 g,蒸馏水 1 000 mL。

2. 配制方法

(1)称量:除指示剂和琼脂外,称取培养基各组分所需量。

(2)溶解:在烧杯中加入约 2/3 体积所需水量,依次逐一溶化培养基各组分。

(3)调 pH:调节 pH 至(7.2+0.1)。

(4)按每 1 000 mL 培养基中加入 20 mL 2%伊红溶液和 10 mL 0.65%美蓝溶液。

(5)加琼脂:加热融化并补足失水。

(6)分装、加塞、包扎。

(7)加压蒸汽灭菌:115℃灭菌 20 min。

(二)乳糖胆盐发酵培养基的配制

1. 培养基组分

蛋白胨 20 g,猪胆盐(或牛、羊胆盐)5 g,乳糖 10 g,0.04%溴甲酚紫水溶液 25 mL,蒸馏水 1 000 mL。

2. 配制方法

(1)称量:除指示剂外,按需称取各组分。

(2)溶解:在烧杯中加入约 2/3 体积所需水量,依次逐一溶化培养基各组分。

(3)调 pH:调节 pH 至 7.3~7.4。

(4)按每 1 000 mL 培养基中加入 25 mL 0.04%溴甲酚紫水溶液。

(5)定容、分装、加塞、包扎。

(6)加压蒸汽灭菌:115℃灭菌 20 min。

(三)亚硫酸铋琼脂(BS)培养基的配制

1.培养基组分

蛋白胨 10 g,牛肉浸膏 5.0 g,葡萄糖 5.0 g,硫酸亚铁 0.3 g,Na_2HPO_4 4.0 g,0.5%煌绿溶液 5 mL,柠檬酸铋铵 2.0 g,亚硫酸钠 6.0 g,琼脂 18 g,蒸馏水 1 000 mL。

2.配制方法

(1)称量溶解:将前 3 种成分溶于 300 mL 水中作基础液,硫酸亚铁和 Na_2HPO_4 分别溶于 20 mL 和 30 mL 水中,再将柠檬酸铋铵和亚硫酸钠分别溶于 20 mL 和 30 mL 水中。琼脂加入 600 mL 水中,静置约 10 min,煮沸至完全融化,冷却至约 80℃待用。

(2)混合:先将硫酸亚铁和 Na_2HPO_4 两溶液混合,然后倾入基础液中,混匀,再将柠檬酸铋铵和亚硫酸钠两溶液混合均匀,也倾入基础液中,再混匀。

(3)调 pH:调节 pH 至(7.5+0.1)。

(4)随即倾入琼脂液中,混合均匀,冷却至 50～55℃,加入 0.5%煌绿水溶液 5 mL,充分混匀,并立即倾倒平皿,每皿 15～20 mL,平板呈淡绿色。

本培养基无须加压灭菌。在制备过程中不宜过分加热,并应严格按上述进行操作以免降低其选择性功能。新配制的培养基如果一次未用完,应存放于冰箱,不宜超过 48 h,以免降低其选择性。最好第一天配制,第二天使用。

五、选择性培养基的配制

选择性培养基是一类根据某微生物的特殊营养要求或对某化学、物理因素的抗性而设计的培养基,具有使混合菌样中的劣势菌变成优势菌的功能，广泛用于菌种筛选等领域。选择性培养基均含有增菌剂和选择剂，试样接种于这类培养基后，由于抑菌剂的选择性抑制作用，使所要分离的目的菌得到较好的繁殖，而其他菌被抑制。经过一定的培养时间后，再将目的菌接种到鉴别培养基上，可以提高目的菌的分离阳性率。

马丁氏培养基常用于从自然环境中分离真菌，培养基中的去氧胆酸钠和链霉素不是微生物的营养成分。由于去氧胆酸钠为表面活性剂，不仅可防止霉菌菌丝蔓延，还可抑制革兰氏阳性细菌生长，而链霉素对多数革兰氏阴性细菌具有抑制生长作用，而对真菌的生长没有影响，从而达到分离真菌的目的。

Ashby 无氮培养基常用于从自然界环境中分离固氮菌。培养基中只含有基本的碳源和无机盐，没有氮源。一般的细菌不能在此培养基上生长，一些固氮的细菌可以利用空气中的氮气作为氮源，可以在此培养基上生长，从而达到分离固氮菌的目的。

(一)马丁氏培养基的配制

1. 培养基组成

葡萄糖 10 g，蛋白胨 5 g，KH_2PO_4 1 g，$MgSO_4 \cdot 7H_2O$ 0.5 g，0.1%孟加拉红溶液 3.3 mL，琼脂 16 g，蒸馏水 1 000 mL，2%去氧胆酸钠溶液 20 mL（预先灭菌，临用前加入），链霉素溶液（10 000 U/mL）3.3 mL（临用前加入）。

2. 配制方法

(1)称量：称取培养基各组分的所需量。

(2)溶解：在烧杯中加入约 2/3 体积所需水量，依次逐一溶化培养基各组分，再按每 1 000 mL 培养基加入 3.3 mL 的 0.1%孟加拉红溶液。

(3)定容：待各组分完全溶解后，补足水量至所需体积。

(4)加琼脂：加入所需琼脂量，加热融化，补足失水。

(5)分装、加塞、包扎。

(6)灭菌:121℃灭菌 20 min。

(7)临用前,加热融化培养基,待冷至 60℃ 左右,按每 1 000 mL 培养基以无菌操作加入 20 mL 2%去氧胆酸钠溶液及 3.3 mL 链霉素溶液,迅速混匀。

(二)Ashby 无氮培养基

1.培养基组成

甘露醇 10 g,KH_2PO_4 0.2 g,$MgSO_4 \cdot 7H_2O$ 0.2 g,NaCl 0.2 g,$CaSO_4 \cdot 2H_2O$ 0.1 g,$CaCO_3$ 5 g,琼脂 15~20 g,蒸馏水 1 000 mL。

2.配制方法

(1)称量:称取培养基各组分的所需量。

(2)溶解:在烧杯中加入约 2/3 体积所需水量,依次逐一溶化培养基各组分,再按每 1 000 mL 培养基加入 3.3 mL 的 0.1%孟加拉红溶液。

(3)调 pH:调节 pH 至 7.2~7.4。

(4)加琼脂:加入所需琼脂量,加热融化,补足失水。

(5)分装、加塞、包扎。

(6)灭菌:121℃灭菌 20 min。

(三)沙门-志贺琼脂培养基

1.培养基组成

牛肉膏 5 g,蛋白胨 5 g,乳糖 10 g,胆盐 8.5~10 g,枸橼酸钠 10~14 g,硫代硫酸钠 8.5~10 g,枸橼酸铁 0.5 g,煌绿 0.000 33 g,中性红 0.022 5 g,琼脂 18 g,蒸馏水 1 000 mL。

2.配制方法

(1)先将牛肉膏、蛋白胨、琼脂加入蒸馏水中,加热溶解,再加入胆盐、乳糖、枸橼酸钠、硫代硫酸钠及枸橼酸铁，以微热加温使其全部溶解，并调整 pH 为 7.2。

(2)用脱脂棉过滤，并补足水分，继续煮沸 10 min 后，加入 0.1%的煌绿水溶液 0.33 mL，1%的中性红水溶液 2.25 mL。

(3) 摇匀并灭菌，制成平板备用。

(四)麦康凯琼脂培养基

1. 培养基组成

蛋白胨 2.0 g，NaCl 0.5 g，乳糖 1.0 g，胆盐 0.5 g，琼脂 2.5 g，1%的中性红水溶液 0.5 mL，蒸馏水 100 mL。

2. 配制方法

(1)先将琼脂加于 50 mL 蒸馏水中，加热溶解作为甲液。

(2)用另一烧杯加入蛋白胨、NaCl、乳糖、胆盐和 50 mL 蒸馏水，使其溶解作为乙液。

(3)将甲液和乙液混合，并调整 pH 为 7.4，过滤，分装于三角锥瓶内，包扎瓶口。

(4)以 121℃高压蒸汽灭菌 20 min，待冷却至 60℃时，加入灭菌的 1%中性红水溶液 0.5 mL，摇匀后，倾入平皿即可。

六、培养基的灭菌及保存方法

培养基中含有丰富的营养基质，如不灭菌，杂菌大量繁殖，会消耗培养基中的基质，杂菌也会产生代谢产物，改变培养基 pH，造成产品质量下降，另外杂菌的生长还会影响目标病原菌的生长和观察。因此，配制的培养基必须进行灭菌处理，杀死培养基中的所有微生物，为后续使用创造无菌条件。

(一)常用灭菌方法

1. 高压蒸汽灭菌

高压蒸汽灭菌适合于耐高温培养基的灭菌。培养基在制备过程中混入各种杂菌，分装后应立即灭菌，至少应在 24 h 内完成灭菌工作。灭菌时一般是在 0.105 MPa 压力下，温度 121℃时，灭菌 15～30 min 即可。灭菌时间不宜过长，也不能超过规定的压力范围，否则有机物质特别是维生素类物质就会在高温下分解，失去营养作用，也会使培养基变质、变色，甚至难以凝固。

2. 过滤除菌

一些生长调节剂、有机物、抗生素等，遇热容易分解，不能与培养基一起进行高温灭菌，而要使用细菌滤器过滤除菌。细菌滤器与滤膜(孔径 0.22 μm 或 0.45 μm)使用之前要先进行高压灭菌。过滤后的溶液要立即加入培养基中，若为液体培养基，可在培养基冷却至 30℃时加入；若为固体培养基，必须在培养基凝固前(50～60℃)加入，振荡使溶液与其他成分混合均匀。

(二)培养基的保存

已经灭菌完毕的培养基从高压灭菌锅中取出后，立即放在平整的台面上，让其自然冷却凝固。灭菌好的培养基最好经过 3 d 的预培养，以便观察培养基是否彻底灭菌，这样便能使某些没彻底灭菌的培养基在接种前被检出，可避免杂菌污染而造成不必要的损失。培养基的保存应注意以下几点。

1. 防尘

已经灭菌好的培养基要注意防尘。如果培养基在卫生条件差的地方贮存，依附在尘埃中的细菌、真菌等会落在培养瓶表面，使用前若不进行表面灭菌处理，接种时就容易随着气流进入容器，使其受到污染，影响病原菌分离培养工作的顺利进行，因此培养基必须放在干净、卫生的接种室内。

2. 避光

备用培养基应贮于光线较暗的环境中。在光照下，一些培养基添加物的成分会发生变化。在接种室里挂上较厚的窗帘或在培养基表面加盖厚的黑布，这样可以使培养基免受光线的影响。

3. 恒温

培养基冷却后，可在10℃左右的冰箱中贮藏3～5周；含抗生素的培养基应在1周内用完。在大批量生产中可以放在装有空调的接种室内，摆放2周左右，温度控制在20℃以内；若摆放时间为2～5 d，温度不超过28℃即可。在培养基存放过程中温度不应过高，同时还应避免温度有较大幅度的变化。

4. 定期更新

培养基不宜长期贮存，特别是固体培养基。随着时间的推移，培养基里的水分蒸发，使培养基的含水量降低，浓度和理化性状发生改变，对培养不利；而且培养基贮存时间过长，空气中的细菌、真菌也可能降落到培养基表面引起污染。因此，结合实际需要做好培养基的配制和使用计划十分必要，一般情况下培养基贮存时间不应超过1个月。

第二节　病原菌的分离方法

以疾病诊断为目的进行的培养，要选择合适的标本如血、尿、便、脓液、分泌物等，并应结合临床情况解释分离结果。细菌分离的基本目的是，通过将病料在培养基平板上划线，将混杂的细菌在琼脂平板表面充分地分散开，使单个细菌能固定在一点上生长繁殖，形成单个菌落，以达到分离纯种的目的。若需从平板上获取纯种，仅需从平板上挑取一个单菌落进行纯培养即可。细菌分离常用于分离获得纯种细菌，以利作纯培养和特性观察。

不同来源和种属的细菌，生长繁殖所需的营养成分要求不同，有的在基础培养基即可生长繁殖，有的需要添加血液、血清等成分，有的需要其他特殊营养因子，有的需氧，有的厌氧等。因此，根据要分离疑似病原菌的种类和特性，选择适宜的培养基进行分离，可最大限度地提高分离率。

由于细菌无处不在，因此从制备培养基时开始，整个分离培养过程必须按无菌操作要求进行，否则外界细菌污染样品，会导致错误结果；而培养的致病菌一旦污染环境，也会引起生物安全事件或交叉感染。

一、常规分离法

病原菌的常规分离法有平板划线分离法(图 3-1)、浇注平板法和涂布平板法等。

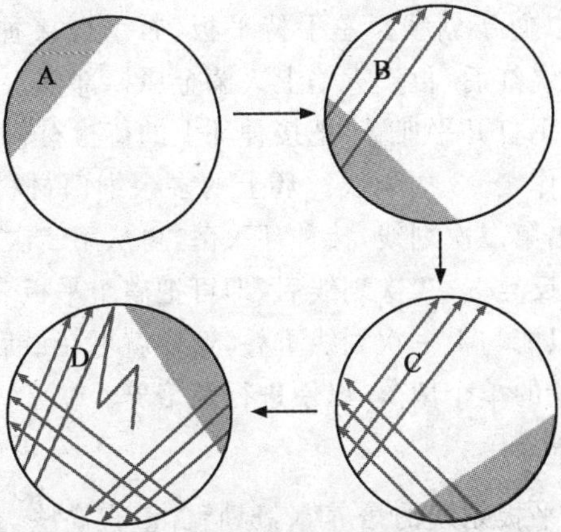

图 3-1　平板划线法

(一)平板划线分离法

1. 概述

平板划线分离法是指把杂菌样品通过在平板表面划线稀释而获得单菌落的方法。一般是将混杂在一起的不同种微生物或同种微生物群体中的不同细胞，通过在分区的平板表面上作多次划线稀释，形成较多的独立分布的单个细胞，经培养而繁殖成相互独立的多个单菌落。

2. 操作

取出新鲜病料或从冰箱中取出处理好的待检材料，置于桌面上，接种前准备好酒精灯、接种环、火柴、酒精棉球和试管架等。如在超净工作台中划线接种，应先打开通风机，过滤除尘，如有紫外灯应同时打开，10～15 min 后，开始工作。不论在桌面上还是在超净台上接种，都要事先做好准备工作，把所用的物品器械摆好，如图 3-1 所示进行划线。平板可放在桌上，也可以左手持平板，中指、无名指和小指托着平板底，拇指和食指打开平皿盖，使盖与底呈 30°夹角，以便于划线。左手持平板，右手握接种环，先灭菌铂丝部分，待丝烧红后，再于火焰上灭菌金属棒部分。用接种环挑取待检材料，左手打开平皿盖，把接种环上的待检材料涂布在培养基的一侧，一般作 1～3 次划线。环上的多余细菌材料烧掉后，从第一次划线引出第二次划线，接种环灭菌，再从第二次划线引出第三次划线，如此反复 3～4 次划线后，即可把整个平板表面划满，注意每一次划线只能与上一次划线重叠，这样就可在最后的 1～2 次划线上出现多量的单个菌落，以便进行纯培养。

3. 注意事项

(1)用于平板划线的培养基，琼脂含量宜高些，否则会因平板太软而被划破。

(2)用于划线的接种环，环柄宜长些(约 10 cm)，环口应十分圆滑，划线时环口与平板间的夹角宜小些，动作要轻巧，以防划破平板。

(二)浇注平板法

1. 概述

浇注平板法是将待分离的试样用生理盐水等稀释液作梯度

系列稀释后，取其中一合适稀释度的少量菌悬液加至无菌培养皿中，立即倒入融化的固体培养基，经充分混匀后，置适当温度下培养。最后可从其表面和内层出现的许多单菌落中，选取典型代表，进行后续研究。该法适合兼性厌氧的细菌和酵母菌的分离。

2. 操作

准备适当数量的高层琼脂（普通琼脂或含有特殊成分的琼脂），灭菌平皿、灭菌试管、待检材料、酒精灯、试管架、生理盐水、肉汤、灭菌试管、接种环、记号笔等。如在超净台内操作应预先打开紫外灯，过滤除菌 10～15 min，点燃酒精灯，把已融化的高层琼脂试管放在试管架上置 50℃水浴中，取待检材料或其他分离对象 0.1 mL，加入事先装有 0.9 mL 灭菌肉汤或生理盐水的试管中，作 10 倍系列稀释。

据待检材料（或分离对象）中菌体数量的多少决定取哪一个稀释度，若稀释度过大，则可能分离不到细菌，若稀释度过小，则会由于菌体数目过多而分离不到单个菌落。假定稀释度为 10^2～10^4 为宜，则取 9 个无菌平皿，3 个平皿为一个稀释度，并用记号笔标明，每一个平皿取对应稀释度的待检材料 0.1 mL，然后取 50℃左右的琼脂分别倾入到加有定量待检材料的平皿中，立即充分混匀，冷却凝固后，置 37℃培养。培养 24～48 h 后取出，平皿中菌落数目应随着稀释度的增加逐渐减少。挑取单个疑似菌落，进行纯培养。

3. 注意事项

在浇注平板法中，注入培养基不能太热，否则会烫死病原菌；在混匀时，动作要轻巧，应多次上下、左右、顺时针或逆时针方向旋动。

(三)涂布平板法

1. 概述

涂布平板法是指取少量梯度稀释菌悬液，置于已凝固的无菌平板培养基表面，然后用无菌的涂布玻棒把菌液均匀地涂布在整个平板表面，经培养后，在平板培养基表面会形成多个独立分布的单菌落，然后挑取典型的代表移接至斜面等。该法适用于好氧性或有气生菌丝的放线菌和细菌的分离。

2. 操作

涂布平板法与浇注平板法类似。即将合适稀释度的待检材料0.1 mL，用无菌涂布玻棒均匀涂布在固体培养基上，待完全吸收后，倒置于37℃温箱培养。每个稀释度至少涂布2块平板。培养24～48 h后取出，挑取单个疑似菌落，进行纯培养。

3. 注意事项

作涂布用的平板，琼脂含量可适当高些，倒平板时培养基不宜太热，否则易在平板表面形成冷凝水，导致菌落扩展或蔓延。

二、生物分离法

对于污染严重的病料，用常规分离法难以获得所需病原菌时，可先将病料悬液接种易感实验动物，进行生物分离，如胞内寄生的布鲁氏菌、结核分枝杆菌等，通过动物接种既可纯化又可增殖，是最可靠的方法。以布鲁氏菌为例介绍生物分离法如下。

(一)动物接种试验

豚鼠对布鲁氏菌最易感，常用350～400 g的成年公豚鼠进行布鲁氏菌的分离。将病料制成悬液，每只豚鼠皮下注射0.2～1 mL。因接种的豚鼠常不显症状，故隔3～4周抽心血2～5 mL，分离血清后作布鲁氏菌试管凝集试验。凡凝集价达1∶50以上者即判阳性，说明病料内含有布鲁氏菌，剖检时可取其肝、脾和腹腔淋巴结上的病灶进行分离培养和镜检。若凝集试验阴性者，可于接种后第 6～8 周扑杀该豚鼠并剖检其内脏观察有无病变，有者分离与镜检，无者可报告阴性结果。

(二)脏器中细菌分离方法

试验豚鼠剖杀时，无菌采集肝、脾和腹腔淋巴结上的病灶等组织装入无菌自封袋内，尽量保证脏器完整以减少污染。在生物安全柜内，小心取出各组织，用烧红的手术刀片烧烙表面，用剪刀在烧烙部位剪一小口，直接用接种环在剪开的小口深部取病料接种于平板上，进行培养。或用 75％乙醇对组织进行表面消毒，再用灭菌磷酸盐缓冲溶液(PBS)洗涤 2 遍。自各组织剪取约 0.5 g 样品，置于含有 1 mL 灭菌 PBS 的无菌 50 mL 离心管内，进行匀浆。吸取 200 μL 匀浆液用灭菌玻棒均匀涂布在固体培养基上，每个样品涂布 3 块培养基，完全吸收后，置于 37℃、5％ CO_2 恒温箱内培养 72～96 h，观察细菌生长情况。

三、特殊分离法

(一)增菌分离法

对于含菌量较少的待检材料，可先用适宜肉汤培养基进行增菌后再用常规方法分离。此方法前提要保证待检材料不受杂菌污染，否则，增菌过程中其他杂菌亦可进行增殖，影响目标菌的分离。

(二) 芽胞需氧菌分离法

若怀疑待检材料中含有带芽胞的细菌，先将待检材料接种于一个含有液体培养基的试管中，然后将试管置于水浴锅，加热到 80℃，维持 15～20 min，再行分离，带芽胞的细菌仍能存活，而不耐热的细菌繁殖体则被杀灭。

(三)利用化学药品的分离法

有些药品对某些细菌有极强的抑制或杀灭作用,而对另一些细菌则无效,故可以利用此特性来进行细菌的分离,例如通常在培养基中加入结晶紫或青霉素抑制革兰氏阳性菌的生长,以分离革兰氏阴性菌。用于结核分枝杆菌分离的病料,可先用15%硫酸溶液处理,结核分枝杆菌具有抗酸活性而存活,其他杂菌皆被杀死。

(四)细胞和鸡胚分离法

严格细胞内寄生的细菌及不能在人工培养基上生长繁殖的病原,如衣原体、立克次氏体和病毒等,需用细胞或鸡胚分离。

1. 鸡胚分离

大多数衣原体和立克次氏体均可在6～8日龄鸡胚卵黄囊中生长繁殖。接种后将鸡胚置35℃培养并保持充足的湿度,每天检查一次,大多数鸡胚在3～6 d内死亡。3 d内死亡的鸡胚弃掉,3 d后死亡的鸡胚收获卵黄囊,经涂片染色检查阳性者即可进行传代接种。

2. 细胞分离法

用于分离衣原体常用的细胞系来自人滑膜的McCoy传代细胞系,Hela细胞及小白鼠纤维母细胞。由于衣原体缺乏主动穿入宿主细胞的能力,因此必须在接种前对已长成单层的细胞进行适当的处理,提高细胞对衣原体的敏感性。方法有三,第一用X射线照射一段时间后接种检样;第二在培养液中加入二乙氨基乙基葡聚糖,提高细胞膜对衣原体的敏感性;第三把已接种衣原体的细胞离心沉淀,可促使衣原体穿入细胞内。为便于观察衣原体在细胞内的生长状况,可在培养瓶中加一盖玻片,以便在不同时间取出染色检查。

第三节　病原菌的培养方法

由于细菌种类和应用目的不同，细菌培养时应用的培养方法、培养基和培养条件(温度、pH、时间，对氧的需求与否等)等存在较大差异。一般操作步骤是，首先将病料样品接种于固体培养基平板上进行分离，再进一步对所得单个菌落进行纯化培养，并进行形态、生化及血清学反应检查鉴定。

培养基常用牛肉汤、蛋白胨、氯化钠、葡萄糖、血液等和某些细菌所需的特殊物质配制成液体、半固体、固体等。一般细菌可在有氧条件下，37℃环境中培养 18～24 h，即可长出单个菌落。厌氧菌则需在无氧环境中培养 2～3 d 后才能长出单菌落。个别细菌如结核分枝杆菌则要培养至少 4 周。

一、通用培养法

病原菌的通用培养法一般分为固体培养基培养和液体培养基培养。固体培养基培养有平板划线培养、浇注平板法和涂布平板法等。详见病原菌的分离法。液体培养基培养，即将待检材料用营养肉汤或添加特殊成分的液体培养基增殖细菌，以观察其在液体培养基内的生长表现，也是鉴别细菌的依据之一。具体操作是无菌取待检材料少许接种到增菌培养基或普通肉汤管内于 37℃振荡培养。

二、厌氧培养法(绝对、微量的)

(一)高层琼脂培养法

高层琼脂培养法又称振荡培养法，取融化了葡萄糖高层琼脂数管(取决于细菌数的多少)，一般取 3～4 管，置于试管架上，待冷却到 50℃左右时,用接种环取待检材料接种到第 1 管,混匀后,由第 1 管取数接种环到第 2 管,混匀后,从第 2 管取数接种环到第 3 管,依此类推。混匀后放试管于冷水中冷却,使其迅速凝固,然后置 37℃温箱中培养。如有厌氧菌,则在培养基深层有菌落产生,欲获得单个菌落,可无菌取出琼脂块,置灭菌平皿中,选取疑似菌落作纯培养。

(二)平板划线法

见常规平板分离法,但应置厌氧环境中培养。

(三)厌氧环境的创造

1. 化学吸氧法

本法是利用化学反应吸收小环境中的氧气,造成无氧环境,以利于厌氧菌生长繁殖。下面介绍几种常用的方法。

(1)低亚硫酸钠与碳酸钠法

每 1 000 mL 容积加低亚硫酸钠(又称二硫四氧酸钠即 $Na_2S_2O_4$)30 g 和等量的碳酸钠(Na_2CO_3),二者混合后,可将容器内的氧气吸收,并放出二氧化碳,其反应方程式如下。

$$Na_2S_2O_4 + Na_2CO_3 + O_2 \longrightarrow CO_2 + Na_2SO_4 + Na_2SO_3$$

准备好各种物品,如厌氧装置、药品、接种好试管或平板和在温箱放置软化的橡皮泥等。操作时,在一块干净纸上把两种药品充分混合,放入一平皿盖中。然后把欲培养的试管和平皿放进厌氧装置内,再放入装药的平皿盖,滴加少许自来水后,立即加盖密封。若用 500 mL 烧杯,扣在适当大小的玻板上,周围用橡皮泥封口,培养 2~3 个平板,效果也很好。最后把密封好的厌氧装置放入温箱即可。

(2)碱性焦没食子酸法

焦没食子酸与 NaOH 混合后,可迅速吸收氧气成为深褐色混合物。焦没食子酸和 NaOH 的用量按器皿的容积计算,每 1 000 mL 空间用焦没食子酸 10 g,10%NaOH 溶液 100 mL。操作时,先将干燥器底用橡皮泥或石蜡制造一个高约 0.5 cm 的堤,以把干燥器的底一分为二,一侧放焦没食子酸,一侧放 NaOH 溶液。然后放上干燥器的隔板,并把分离培养的平板或试管、发酵管放好,加盖密封后,将装有 NaOH 溶液侧向上倾斜,就可以把 2 种化学药品混合,最后把干燥器放入 37℃温箱内培养 1～3 d 后,检查生长情况或进行纯培养。

(3)布赫纳氏(Buchner)法

如培养的材料较少,为节约药品,可用此法。于布赫氏试管或任何大试管(底部放玻璃珠少许)中加入一定量的焦没食子酸与 NaOH 溶液,迅速放入已接种的小试管,立即加橡皮塞,置 37℃温箱内培养,24～48 h 后观察。

2. 生物学排除氧气法

本法是利用生物组织或好氧菌的呼吸作用,以消耗掉培养环境中的氧气,造成厌氧环境。

(1)特殊培养基

在培养基中加入动物组织,利用新鲜组织的呼吸作用及加热处理后组织中的可氧化物质的氧化,以消耗掉培养基中的氧气,例如熟肉培养基等。

(2)厌氧菌与需氧菌的共同培养法

将厌氧菌和需氧菌共同培养在一个平皿内,由于需氧菌的生长而消耗掉氧气,厌氧菌即可随之生长,为了缩小培养皿内的体积,培养皿内应尽量多装培养基,然后用灭菌的手术刀将培养基切成两半,分界线宽 0.5～0.7 cm,在一半培养基表面培养需氧菌

(如大肠杆菌、枯草杆菌、灵菌等),而另一半培养厌氧菌。划线接种后,可将培养皿边缘用胶泥密封,也可将培养皿倒扣在一块玻璃板上,边缘用胶泥密封,置37℃温箱内,培养24～48 h后观察。

3.物理学方法

利用加热、抽气等物理学方法,以驱除或隔绝环境或培养基中的氧气,造成厌氧状态,以利于厌氧菌的发育。

(1)厌氧罐法

常用的厌氧罐有Brevver氏罐、Brown氏罐及Mclntosh-Fildes二氏罐等。我国有些单位也设计制造了自己的厌氧罐,这种罐兼有两种功能,一方面通过抽气机抽去罐中的空气,而代之以氢气、氮气及二氧化碳混合气体;另一方面,在罐中放有催化剂,可使残存的氧气与氢气化合生成水,从而获得严格的厌氧环境,然后将整个厌氧罐放在温箱中培养24～48 h后观察。此法适宜于大量的厌氧培养。

(2)厌氧手套箱

这是开展厌氧菌工作最先进的设备,它不仅能起到温箱的作用,而且也是一个操作箱,其优点是可以随时检查厌氧菌的生长状况,无须暴露于空气中,缺点是成本高,占地面积大。

(3)还原剂的应用

于液体培养基中加入还原剂如葡萄糖、半胱氨酸、硫乙醇酸钠等还原剂,用以吸收培养基中的氧气,从而降低培养基的氧化还原电势,造成无氧环境,有利于厌氧菌的生长。

(4)氢气的燃烧

于特制的厌氧培养罐内通入氢气,然后通入电流,经铂或钯的触媒作用,使氢与氧化合成水。

为了检查无氧状态,可利用美蓝指示剂。其配制方法有2种:一种方法是取含有85%的美蓝0.003 g、葡萄糖4 g和双盐基砷酸钠($Na_2HAsO_4 \cdot 7H_2O$)2 g,溶在蒸馏水 100 mL 中;另一方法是取 1.5%美蓝水溶液 0.1 mL,当量 NaOH 溶液 0.1 mL 和 10%葡萄糖水溶液 4.2 mL,混合即成。使用时,取一小试管,加美蓝指示剂 3~4 mL,放入培养罐内,如指示剂变白,证明容器内无氧气存在。

4. 厌氧工作站

厌氧工作站是采用钯催化剂,将密闭箱体内的氧气与厌氧混合气体中的氢气催化生成水,从而实现箱内厌氧状态。

(1) H35 和 H85 低氧工作站

英国的 H35(图 3-2)和 H85 低氧工作站,是真正带有氧气浓度探头和二氧化碳浓度探头的厌氧工作站,可以精确地控制氧气浓度、二氧化碳浓度、温度和湿度,且提供操作和培养一体化的空间。厌氧培养时,只需换一瓶无氧混合气体,放入钯催化剂,即可转换为厌氧工作站。

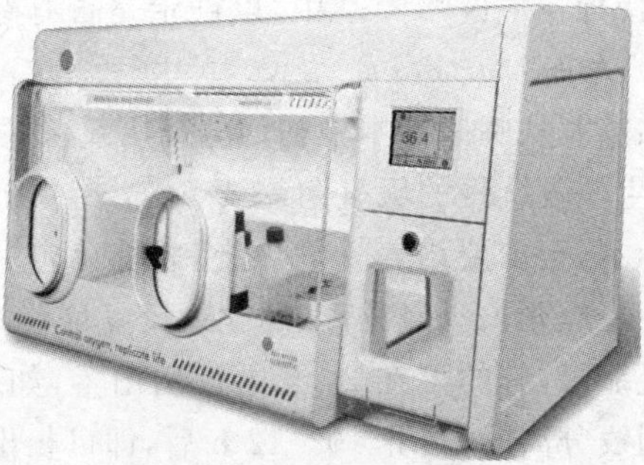

图 3-2　H35 低氧工作站

(2) VA500 低氧工作站

VA500 低氧工作站(图 3-3)为带比例阀的微好氧工作站,工作站内无氧气和二氧化碳探头,接 4 瓶气体(纯氮气、纯二氧化碳、压缩空气和 10%氢气+90%氮气混合气),气体混合完全基于比例阀精确控制进气时间，大致可以达到要求的气体浓度，同样可以控制温度和湿度，提供大的操作和培养空间。

图 3-3　VA500 低氧工作站

(四)厌氧菌的培养

厌氧菌培养的温度一般为 35～37℃。但不易产生芽胞的梭状芽胞杆菌，接种在疱肉培养基中，以确定是否有芽胞存在时，培养温度以 30℃为宜。

用固体培养基从临床标本中初代分离厌氧菌，一般要 48 h 才能长出菌落，生长较缓慢的厌氧菌需要 5～7 d。用液体培养基初代分离临床标本，至少要培养 1 周以上，才能确定其结果，个别厌氧菌培养时间还应延长。经分离、纯化后反复培养的厌氧菌，所需培养时间明显缩短，有的可在 24 h 内长出菌落，如腐败梭菌在固体培养基上划线分离时，培养 10～12 h 后，即可长出菌落。

三、二氧化碳培养法

二氧化碳培养法是将某些细菌（如布鲁氏菌）于 CO_2 环境中培养。常用产生 CO_2 的方法有烛缸法和化学法，此外还可用 CO_2 培养箱法。

(一)烛缸法

将已接种标本的培养板置于容量为 2 L 的干燥器内,放小段点燃的蜡烛于缸内,密封缸盖(用凡士林)。缸内蜡烛燃烧 0.5～1 min 因缺氧自行熄灭,此时容器内 CO_2 含量为 5%～10%。连同容器一并置于 37℃恒温箱中培养。

(二)化学法(重碳酸钠盐酸法)

将已接种标本的培养板置于干燥器内,取一平皿,按照干燥器的容积分别加入重碳酸钠 0.4 g/L 与浓盐酸 0.35 mL/L,两者不接触,将平皿置于干燥器内,盖紧缸盖后倾斜容器,使盐酸与重碳酸钠接触生成 CO_2。

(三) CO_2 培养箱法

直接将接种标本的培养板置于 37℃、含 5% CO_2 的恒温培养箱内进行培养。

四、鸡胚培养法

鸡胚是正在发育的活的机体,组织分化程度低,细胞代谢旺盛,适于不能在人工培养基上生长繁殖的病原,如衣原体、立克次氏体和病毒等。鸡胚常用的接种途径有尿囊腔、绒毛尿囊膜、羊膜腔、卵黄囊和静脉等(鸡胚的基本结构见图 3-4)。

(一)尿囊腔接种法

1. 接种方法

选用 9～12 日龄发育良好的鸡胚(图 3-4),照蛋标出气室及胚胎位置,在气室底边胚胎附近无大血管处标出尿囊腔注射部位,标明胚龄及日期,气室朝上立于卵架上。在气室中心或远离胚胎侧气室边缘先后用碘酊和酒精棉球消毒蛋壳表面,在标记的注射部位用钢锥打孔,注意用力要稳,恰好使蛋壳打通而不伤及壳膜。用

1 mL 注射器抽取接种物，针头斜面（与卵壳成 30°角）刺入注射部位 3～5 mm 达尿囊腔内，注入接种物，一般接种量为 0.1～0.2 mL（图 3-5）。注射完毕，用融化的石蜡或消毒胶布封孔，气室朝上于 35～37℃温箱内孵育。弃去接种后 24 h 内死亡的鸡胚，常因机械损伤或杂菌感染等非特异性因素所引起，以后每天检卵 1～2 次。

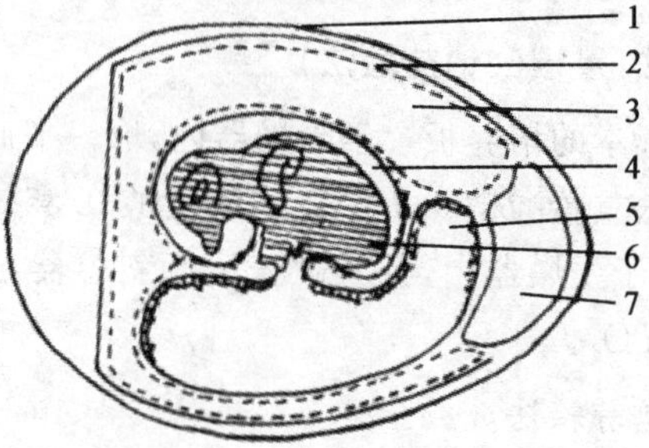

图 3-4　鸡胚的基本结构

1.卵壳　2.绒毛尿囊膜　3.尿囊腔　4.羊水腔　5.卵黄囊　6.鸡胚胎　7.卵白

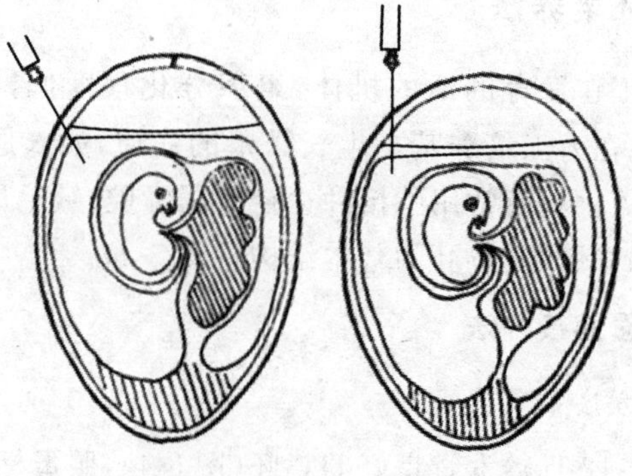

图 3-5　鸡胚尿囊腔接种法

2.收获方法

收获时间须视病原的种类而定。收获前将鸡胚置于 4℃冰箱过夜或－20℃冰箱 1 h,以免收获时流血。取出冷却的鸡胚,气室朝上立于卵架上,气室端表面用碘酊和酒精棉球消毒,用镊子无菌轻轻击破气室部卵壳并去除壳膜,形成直径为 1.5～2.0 cm 的开口。用无菌镊子夹起并撕开气室中央的绒毛尿囊膜,然后用吸管从破口处吸取尿囊液和羊水,置于无菌容器中保存备用。一般能收获尿囊液 6 mL 左右,最多可达 10 mL。取出鸡胚胎,于平皿内观察胚胎有无病理变化,如出血、蜷缩、侏儒胚等。根据需要也可保存鸡胚胎或经匀浆机处理后的悬液备用。

(二)绒毛尿囊膜接种

1. 接种方法

选用 10～12 日龄发育良好的鸡胚,经照视后划出气室位置并消毒。在胚胎附近略近气室处,选择无大血管处的蛋壳上标出一个边长约 0.6 cm 的等边三角形,作为接种部位。在气室及标记处消毒,横放鸡胚于卵架上,标记处朝上,用磨卵器轻锉三角处,不破坏壳膜取下三角形蛋壳。以针尖小心挑破壳膜,注意切勿损伤其下的绒毛尿囊膜。同时,在气室的顶端钻一小孔,在壳膜刺破处滴 1 滴无菌生理盐水,用吸头或洗耳球于气室小孔上轻吸,使三角处绒毛尿囊膜下陷,生理盐水吸入,造成人工气室。用无菌注射器吸取接种物于三角处小孔上刺入 0.5～1 mm,注入接种物,一般为 0.1～0.2 mL(图 3-6)。轻轻旋转鸡胚,使接种液扩散到人工气室的整个绒毛尿囊膜上。用消毒胶布封住三角形小口及气室小孔,横放鸡胚,开口向上,于 35～37℃温箱中继续孵育。每天检胚 1～2 次。

绒毛尿囊膜的另一种接种方法是,检视鸡胚划出胚胎位置及气室界线,用碘酊和酒精棉球消毒,在气室边缘附近将卵壳开一半径约 0.3 cm 的小窗口,左手持鸡胚,使小窗口朝向操作者,右手持注射器用针头将气室边缘的壳膜挑起一小孔,缓缓注入接种物,使接种物渗入壳膜与绒毛尿囊膜之间。用消毒胶布封口,直立放置

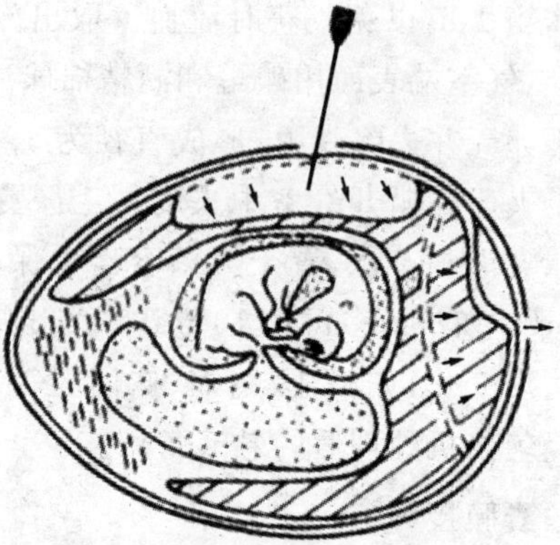

图 3-6　绒毛尿囊膜人工气室接种法

孵育。或不必开小窗，在大头顶端刺一小孔，插入针头，接种病料于空室内，针头继续深入，刺破卵壳膜及绒毛尿囊膜(深 1～1.5 cm)，拔出针后封口，卵直立使气室向上，培养几小时后，即可随便翻动(图 3-7)。

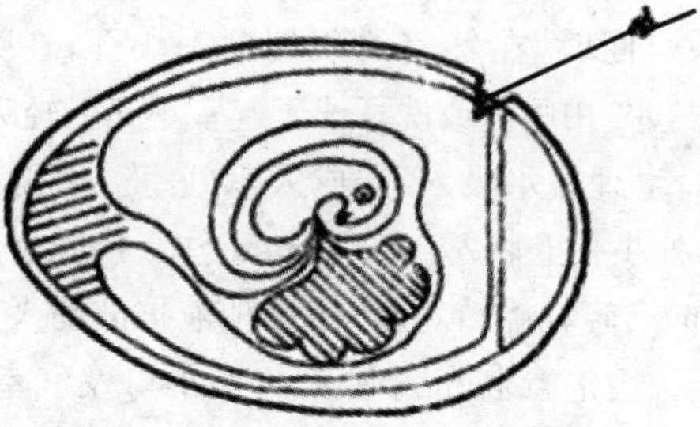

图 3-7　绒毛尿囊膜接种法

2. 收获方法

用碘酊和酒精棉球消毒人工气室周围蛋壳，去除胶布，用无菌眼科剪、镊子去除人工气室处卵壳、壳膜。剪下人工气室处绒毛尿囊膜置于无菌平皿中，用灭菌生理盐水冲洗，展平后观察病理变化。收集绒毛尿囊膜并低温保存、备用。也可收集部分绒毛尿囊膜固定，作组织病理学切片。

(三)卵黄囊接种法

1. 接种方法

选用5～8日龄发育良好的鸡胚，检视划出气室和胚胎位置，垂直放置在固定的卵架上，用碘酊及酒精棉球消毒气室端，用钢锥在气室的中央轻刺一小孔。用注射器吸取接种物，通过气室中央的小孔，用长针头(3～4 cm)沿小孔垂直刺入2～3 cm，也可刺入达鸡胚长径的1/2，注入接种物，注射量一般为0.2～0.5 mL。注射完毕，用融化的石蜡封孔，直立鸡胚，于35～37℃温箱中继续孵育(图3-8)。弃去接种后24 h内死亡的鸡胚。

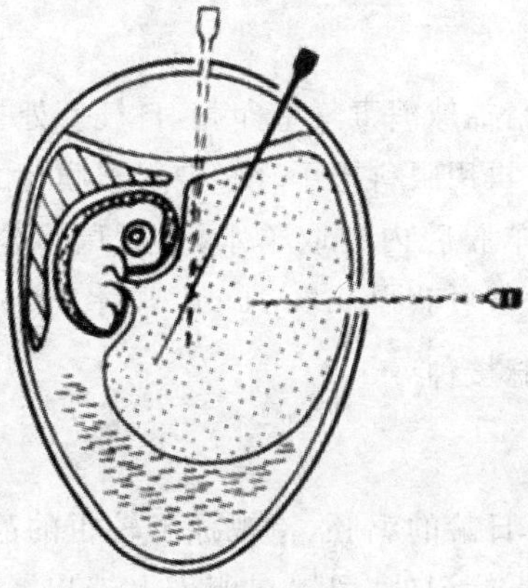

图3-8　卵黄囊接种法

2. 收获方法

将濒死或死亡鸡胚气室部用碘酊及酒精棉消毒，直立于卵架上，无菌操作去除气室顶部卵壳。用无菌镊子撕开绒毛尿囊膜和羊膜，夹起鸡胚，切断卵黄带，置于无菌平皿内，用无菌生理盐水冲去卵黄，分别将鸡胚和卵黄囊置于无菌容器中，低温冰箱保存备用。如欲作涂片，可取一小块轻轻涂于载玻片上制成薄片。

（四）羊膜腔接种法

1. 接种方法

选用 12～14 日龄发育良好的鸡胚，经照视后划出气室和胚胎位置并消毒，将气室顶端开一直径 0.7～1.2 cm 的小窗口。滴加 1 滴灭菌液体石蜡于胚胎位置（也可用生理盐水代替石蜡，但透明度较差）。用眼科镊子细心地由无血管处穿过绒毛尿囊膜，镊住羊膜，将其提出于绒毛尿囊膜外，使之呈伞状。用注射器吸取接种物注入羊膜腔内，接种量一般为 0.1～0.2 mL。注射完毕，用无菌胶布封住窗口，35～37℃温箱直立孵育。

2. 收获方法

用碘酊和酒精棉球消毒气室卵壳，自气室处打开窗口，用无菌吸管吸出尿囊液，再用眼科镊子轻轻夹起羊膜使之呈伞状，用一无菌毛细吸管插入羊膜腔内吸取羊水，置灭菌容器中低温保存，备用。方法得当，一般可获得 0.5～1 mL 羊水。

（五）鸡胚静脉接种

1. 接种方法

选用 12～14 日龄的鸡胚，检视标出较粗的静脉，标出其位置和血流方向。消毒标记处，用锉在卵壳上锉出一个 2～3 mm 宽、5～6 mm 长的长方形，注意不要伤及壳膜。用镊子或外科刀挑去该长方形卵壳，在暴露的壳膜上滴加 1 滴灭菌液体石蜡，使壳膜透明，此时即可见到静脉。用磨过的 4 号针头顺血流方向刺入静脉内，注射 0.02 mL 接种液。若静脉内出现血流暂时中断，静脉呈白色，表明确已注入静脉。注射完毕，用灭菌胶布封固卵壳缺口，置温箱中孵育。

2.收获方法

死胚或健康胚，普通冰箱中静置 4～10 h，收获胚胎，根据需要，采集相应器官组织，如肌肉、肝、脑等，保存或处理待用。

第四节　病原菌纯培养与菌种保存

一、获得纯培养的原则

纯培养就是单独一种细菌的生长材料，不论是疾病诊断，还是用病原菌进行科学研究，都必须首先获得细菌的纯培养。大多数细菌均可在人工培养基上生长繁殖，只有极少数严格细胞内寄生，如立克次氏体、衣原体等，必须接种鸡胚、动物或细胞培养才能分离到。纯培养获得的成功与否与许多因素有关，主要有以下几个方面。

(一)选择适宜的培养基

虽然大多数细菌均可在人工培养基上生长繁殖，但各种细菌对营养的要求存在很大差异。有些细菌对营养要求较低，可在普通营养琼脂上生长，而有些细菌对营养要求较高，必须提供丰富的营养，如血清、血液等，才能生长。此外，少数细菌不但要求较高的营养，而且还必须提供一些特殊物质，如 V、X 因子、各种维生素、吐温等才能生长。

(二)适宜的生长条件

细菌在长期进化过程中，其生命代谢活动发生了很多变化，以适应周围环境。不同微生物的生活环境不同，所要求的生长条件也不同，只有培养条件符合其要求时，细菌才能生长。生长条件一般包括以下几个方面。

1.温度

病原菌由于长期寄生在动物体内,因而其生长的最适温度为37℃;而某些寄生在动物体表的病原菌的最适温度则与动物皮温一致,为20～28℃,腐生菌的生长温度范围在15～25℃。因此,在培养时,必须选择适合其生长的温度范围。

2.pH

适宜的酸碱度是保证细菌正常生长的主要因素之一。一般的病原菌要求在pH 6.8～7.2生长繁殖,而霉菌则要求培养基pH 3～6。由于在培养过程中,微生物产酸或产碱,使培养基的酸碱度发生改变,为消除这一副作用,通常要求在培养基中加入缓冲系统。酸碱度主要通过两方面来影响微生物的代谢作用。其一,改变蛋白质的等电点,从而使酶活性受阻;其二,改变膜电荷,乃至改变整个微生物个体的电荷性质,改变膜的通透性,使微生物生长受阻。

3.渗透压

细胞在高渗环境中会脱水,发生质壁分离,在低渗环境中则导致胞浆压出,只有在等渗溶液中,才能维持正常形态及代谢活动,这是由细胞膜的半渗透性决定的。而渗透压是由溶液中各种离子共同形成的,无机盐离子起着重要作用,所以培养基中,必须加适量的无机盐。

4.对气体的需要

有的需氧,有的厌氧,有的需要CO_2。

二、纯培养和移植接种方法

细菌的分离培养就是要获得细菌的纯培养,所谓细菌的纯培养就是只含一种细菌的培养物,最理想的纯培养是一个细菌的后代。细菌的移植培养就是把某种细菌材料移种到一个新的培养基上，使其在上生长。

(一)纯培养菌的挑选法

待检材料中的病原菌经接种培养基，并在温箱中培养一段时间后，应取出检查其生长状况。首先用肉眼检查有无细菌生长，若有，则需进一步检查长出的菌落是否纯一。当从临床标本中分离时，多数情况下，在培养基中沿涂布划线处长出的较多的一种菌落，是待检材料中病原菌的可能性较大，少数零散分布或不在划线上长出的菌落，多为操作时由外界环境中引入的杂菌。为慎重起见，可挑选若干个长出的菌落，用记号笔于平皿底加以标记，在低倍显微镜下观察菌落的结构。然后，用接种环分别从每一个菌落钩取少许制备涂片，革兰氏染色后镜检。如片中细菌形态和染色性一致，则用接种环蘸取剩余部分菌落接种于适宜培养基上，置温箱培养。待细菌生出后，用肉眼观察及染色检查，证明为纯一的细菌，即为该细菌的纯培养，供进一步试验用。如不纯，需继续分离培养，直至分到纯菌为止。

(二)纯培养的移植接种法

1. 移植接种的工具

(1)接种环是微生物实验室中最常用的器具之一，一般用23号铂丝或24号镍铬钢电阻丝(电炉丝)制成，取一根铂丝，将其一端插入金属接种棒内，露出部分为6～7.6 cm，将铂丝的游离端制成内径为2 mm的圆环，环面必须平整，环端必须吻合密闭。固体或者液体培养基均适用。

(2)接种针的制法同上，但无圆环。供穿刺培养或蘸取菌落用。还有一种长接种针，丝长约 11 cm，供深层培养基穿刺接种用。

(3)灭菌吸管或毛细吸管，适用于液体培养基的移植。还可以用移液器代替。

(4)L形涂布棒,适用于在固体培养基表面涂布使用。选用长度、粗细适度的玻璃棒,在酒精灯上烧弯而制成。

2. 移植接种的方法

移植接种方法的选择取决于培养基的性质(液体、固体等)。

(1)移植到固体培养基:方法同平板划线法,可在平板或者斜面上划线接种。

(2)移植到液体培养基:左手斜握欲移植的菌种管及培养基管,右手持接种环,将接种环在火焰上烧灼灭菌后,再将两管之棉塞用右手的小指及无名指握紧拔出,管口放在火焰上灭菌,用接种环从需移植培养物中取材料少许,置于新培养基中,轻轻磨动接种环,然后取出接种环,管口在火焰上灭菌后加棉塞,接种环也在火焰上灭菌后方可放下。试管上标明微生物名称、接种日期,放入温箱中培养。

当欲移植材料为液体时,可用灭菌的吸管吸取液体培养物加入另一液体培养基中,放入温箱中培养。如培养基为固体时,则需用灭菌的接种环将液体培养材料轻轻涂布在固体培养基表面,然后把培养基放在温箱中培养。

(3)移植于半固体培养基(穿刺接种法),接种时无菌操作同前。用接种针的尖端蘸取细菌少许,自培养基中央垂直插入,直至管底,然后顺原穿刺线拔出接种针。

(4)疱肉培养基的移植:疱肉培养基的表面有一层液体石蜡,移植接种时,将培养基倾斜用接种环通过无石蜡处取培养物或用吸管吸取液体培养物放入石蜡层底部的培养基中。如液面盖的固体石蜡,应先将其融化后,再以同样方法进行接种,然后直立试管,使石蜡凝固封闭培养基液面。无菌操作同前。

三、纯培养细菌的保存方法

为了进行有关细菌的基础研究、检验诊断、生物制品制造和质量控制、药敏试验以及教学工作等，都需要保存一些标准菌种。因此，菌种保存是细菌实验室的一项基本日常工作。保存细菌的要求是保证细菌存活，不污染杂菌，尽量少发生变异，保存菌种原有的生物学活性和培养特征。

保存细菌的方法很多，其基本原理是使细菌处于休眠状态，也就是将其生命活动限制在最低限度。为达到这个目的，基本保存条件是干燥、低温和隔绝空气。细菌的各种保存方法都是根据这些基本条件设计的。兽医病原菌的保存常用继代培养法、冷冻保存法和冷冻干燥保存法。

(一)继代保存法

继代培养保存法是保存病原菌的基本方法，既可以长期保存菌种，又能随时移植复苏，以供试验，简便易行，在微生物实验室最常用。其方法是选用对被保存细菌适宜的培养基，需氧或兼性厌氧菌常用如营养琼脂斜面、血琼脂斜面、半固体培养基等，厌氧菌常用疱肉培养基。按常规方法接种细菌，37℃培养至生长菌苔或形成芽胞，取出放在室温或4℃冰箱保存，视菌种不同可每隔1～6个月继代移种一次。注意事项如下。

(1)继代培养应降低细菌的代谢活力，延长其存活时间，故培养基的营养成分不宜太丰富，而且培养温度应稍低于生长的最适温度。

(2)每种菌种应继代接种至少2管培养基，标记菌名和接种时间。

(3)在保存中应防止污染，棉塞应塞紧，避免在保存中掉出，棉塞底部应与斜面培养基上端距离2 cm以上，必要时在细菌充分发育后，切去棉塞外部分，用石蜡封口(适用于病原真菌)。

(4)为防止斜面、液体和半固体培养基菌种保存过程中干燥，可用灭菌的橡胶塞代替棉塞，或改用螺旋帽塞。

(5)细菌在长期保存后有时会发生变异，其生理活性、病原性、芽胞或荚膜形成能力等会降低，应予充分注意，最好能定期对保存菌进行检验鉴定。

(6)在人工培养基上存活时间短的病原菌，如巴氏杆菌，弯曲杆菌或易发生变异的病原菌如鸡嗜血杆菌，金黄色葡萄球菌等不宜用此法。

(二)液体石蜡覆盖保存法

液体石蜡覆盖保存法是继代保存法之一，在琼脂斜面或半固体培养基上覆盖石蜡，可以防止因培养基水分蒸发而引起的菌种死亡。液体石蜡还可以防止氧气进入培养基，使需氧菌不能继续生长，从而延长其保存时间。本法适用于需氧菌、放线菌和真菌的保存。不适于分枝杆菌和沙门氏菌的保存。

保存方法：取优质液体石蜡，分装小瓶，121℃高压蒸汽灭菌25～30 min备用。将保存菌接种在斜面培养基或穿刺接种在半固体培养基上，37℃培养 18～24 h，以无菌操作吸取上述灭菌液体石蜡覆盖在培养基上，液体石蜡厚度为 1 cm 左右(在斜面培养基中高出斜面顶端 1 cm)。将试管直立于室温或 4℃冰箱保存，保存期为 3～6 个月。

(三)冷冻保存法

将保存菌接种液体培养基，放在－20℃低温冰箱中，对多数病原菌都有良好的保存效果。注意事项如下。

(1)为避免容器冻裂，应使用优良硬质玻璃试管、安瓿瓶或市售的冻存管。

(2)为避免冻裂，试管内菌液不能装满，一般以 1～2 mL 为宜。

(3)试管用橡皮塞或螺旋塞。如用棉塞时要用塑料薄膜包住棉塞。

(4)培养液中加入10%～20%无菌甘油或血清。

(5)冷冻菌种在取出解冻后,只能重新接种继代,不能用原管继续冷冻保存。

(四)冷冻干燥保存法

冷冻干燥法是先使细菌在极低温中快速冷冻,然后在低温下真空减压,利用升华现象从菌体除去水分,使细菌停止生理活动,其细胞结构和成分保持原来的状态,从而能够长期保存。本法适用于大多数病原微生物的长期保存。

1. 菌液的准备

按照不同细菌的营养要求和培养条件,先在适当的培养基中作增菌培养,然后移植在保护剂中制成10^9～10^{10}个细菌/mL的悬液。如为固体增菌培养基,可将保护剂注入试管内将斜面上的菌苔洗下,制成菌悬液;如为液体增菌培养基,在培养增菌后,离心沉淀,倾去上清液,加入保护剂稀释成所需含菌浓度。

2. 保护剂

保护剂的作用是使悬浮于保护剂中的细菌在冷冻干燥过程中保持存活,并在复原时使休止状态的保存菌易于恢复生活发育状态。保护剂的组分一般包括耐热保护剂、填充剂、抗氧化剂等。

3. 菌种管的准备

将球形菌种管或优质玻璃安瓿瓶浸入2%盐酸中过夜,取出后用自来水充分洗涤,最后用蒸馏水冲净,晾干,于160℃干热灭菌2～2.5 h,使用时在管壁贴上标签,标明保存菌种名称、菌号、日期等。

4. 分装菌液

在无菌操作下,用带有长针头的注射器或毛细吸管,吸取菌悬液分装在菌种管或安瓿瓶内，每管0.1～0.2 mL，注意在分装时不要使菌液沾污菌种管或瓶颈部，塞好棉塞。

5. 预冷

预冷的目的是使水分在冷冻的状态下升华，以免在真空干燥时菌悬液沸腾外溢。预冷的温度要低，一般在－40～－30℃，速度要快，一般2～5 min即可冻结，但为使菌液冻结坚固，应预冷1～2 h或更长时间。常用的冷冻剂是在干冰中(固体二氧化碳)加入等量的无水乙醇(甲醇或丙酮亦可)，混合后一般为－30℃以下，最低可达－72℃。在冷冻槽中放入冷冻剂，将已分装的菌种管插入冷冻剂中，1～2 h即可坚固冻结。此外，也可以在液氮或－40℃以下低温冰箱中进行预冷。

6. 真空干燥

可用真空干燥机或用简易的真空干燥装置进行干燥。前者有各种型号，可按说明书的要求进行操作。

7. 熔封

真空干燥后，从干燥器取出菌种管，连接在封口装置上抽气，在保持真空的状态下，用酒精或丁烷气喷灯在菌种管颈部缓慢加热，逐渐将其拉长，熔封。熔封后应检查其真空度。常用高频电火花检测器进行检测，将通电的仪器尖端轻轻接触菌种管上半部(勿直接射向菌体)，使安瓿瓶内真空放电，并发出蓝紫色荧光者，表明已达到真空。

8. 干燥样品的保存

通常放在室温下或4℃保存，也可在低温冰箱中(－25℃)保存。

9. 干燥样品的复苏

(1)启封：用酒精棉球消毒菌种管外表，用锉刀或砂轮片在其颈部搓痕，折断封口后要用无菌纱布或脱脂棉包盖颈部，以防止内部干燥病菌逸出，也要防止外部杂菌侵入。但不要用酒精棉球包盖开口，防止酒精进入菌种瓶内。推荐用烧红的玻璃棒与割痕接触，菌种瓶颈部产生裂纹，在空气中放置 1 min，使空气徐徐进入瓶内，即可防止病菌逸散。

(2)复苏：用无菌吸管将适于该种细菌生长繁殖的液体培养基 0.3～0.5 mL 加入安瓶中，缓慢吸吹数次使团块完全溶解，再将其移种在液体培养基和斜面培养基各 2～3 管。细菌在保存中受到一定损伤，故第一次复苏应选用营养丰富的培养基。例如加入血液、血清、半胱氨酸等可使存活率提高。

(3)注意事项

①在菌液的准备：分装、预冷等过程中必须严格注意防止污染扩散。全过程所用的各种器械事后必须严格消毒。

②在真空干燥时应避免水气抽入真空泵的机油内，故应在干燥器与真空泵之间安装冷凝器，其冷凝温度应在－30℃以下。

③干燥完毕后应先关闭真空泵电源，然后缓慢放气，以防止机油被吸入干燥管道内。

④冻干菌种在启封时容易发生逸散或其他意外污染，故应在无菌罩内启封，并准备好消毒剂以防万一。

⑤启封并移去菌液后的空安瓶(包括捏开的上端和碎片)，用镊子收集在一个容器中，121℃高压蒸汽灭菌 20～30 min 后处理。

⑥致病性强的病原菌最好不用冷冻干燥法保存。如用此法保存，操作时须特别谨慎。

第四章　病原菌的鉴定

不同细菌的形态特征、理化特性、遗传特性等不同，根据其差异可将细菌划分为不同科属种甚至生物（血清或基因）型。细菌鉴定常用的方法包括常规鉴定和分子生物学鉴定，其中常规鉴定内容主要是显微形态、培养特征等方面的形态特征观察和理化特性；理化特性鉴定包括营养类型、碳氮源利用能力、各种代谢反应、酶反应和血清学反应等。

分子生物学鉴定则可以从遗传进化角度阐明微生物种群及分类学关系，是微生物分类学研究普遍采用的鉴定方法。通常以细菌 16S rDNA/16S-23S rDNA 区间的序列比较分析，来获得鉴定结果。

此外，国际上推出的细菌自动鉴定系统，如 API 细菌鉴定系统，可涵盖 15 个鉴定系列，约有 1 000 种生化反应，可鉴定超过 600 种的细菌。鉴定过程中，可根据细菌所属类群选择适当的生理生化鉴定系列，通过软件将待测细菌与数据库参比，得出鉴定结果。

细菌常规的实验室鉴定可通过传统的技术方法进行。

第一节　细菌生长特性的检查

检查纯培养菌的培养特性是系统检查病原菌时所不可缺少的一个重要方面。所谓培养特性是指该菌所需的生长条件和在不同培养基上的生长表现。关于微生物所需的生长条件，一般在分离培养时，即已加以研究。但在描写该微生物的培养特性时，仍应予以说明。

一、生长条件的检查

(一)营养物质

营养物质是细菌生长繁殖的主要条件之一，如营养不全或缺乏，细菌就不生长，或生长不良。绝大多数病原菌是化能异养菌，它们可以利用胨肽类物质或氨基酸、糖类、脂类、盐类和水等，有的还需要生长因子。

将纯培养菌接种在含有与不含有各种营养成分的培养基中培养后，根据其生长发育的快慢、细菌细胞繁殖的多少，代谢产物的有无(外毒素或某些毒性酶)等情况，确定该菌生长繁殖时是否需要某些特殊营养物质。为了进行这项工作，往往要对培养基的组成成分进行精细的化学分析。

(二) 对氧气的需要

不同的细菌对氧气的需求不一样，有的是专性需氧，有的是专性厌氧，有的是兼性厌氧。为了确定细菌对氧的需要情况，可进行需氧厌氧生长试验。

将纯培养菌接种于适当培养基上后，分别置于普通大气环境和无氧环境中，在37℃培养1～3 d，观察它们在哪一种情况生长，可将生长情况记录表4-1。

表4-1　对氧的需要

	需要氧气	厌氧环境
专性需氧菌	+	−
专性厌氧菌	−	+
兼性厌氧菌	+	+

(三)对二氧化碳的需要

有些细菌,如初代分离的牛流产布鲁氏菌必须在一定浓度的 CO_2 中才能生长。创造有 5%～10% CO_2 的方法有蜡烛法和化学法,现介绍化学产生 CO_2 如下。

(1)按容器体积计算,每 1 000 mL 体积应加 1∶10 硫酸 10 mL,放在小烧杯中,另取碳酸氢钠 0.4 g。

(2)将已接种的平板置于密闭的容器内,立即将碳酸氢钠投入小烧杯内,迅速密闭缸盖,这样可产生 10%左右的 CO_2。

(3)同时接种另一相同的培养基,放在普通大气环境中作对照。

(4)将接种相同培养基的 CO_2 容器和对照,同时置 37℃下培养 1～3 d,观察结果。如在 CO_2 环境中生长而在大气环境中不生长,即可认为是需要 CO_2;如在 CO_2 中和大气中均生长,即可认为不需要 CO_2;如果二者均不生长,则应继续观察 10 d。

(四)对生长因子的需要

有些细菌,虽然给它们合适的碳、氮源和无机盐,仍不能生长,它们还需要微量生长因素,如核黄素、胆固醇、嘌呤和嘧啶基等。现以嗜血杆菌为例,检查其对 X、V 因子的需要与否。

将待检细菌分别接种于巧克力琼脂平板,经 120℃高压 0.5 h 的巧克力琼脂平板和 2%的脲胨琼脂平板,然后于已接种待检细菌的胨琼脂上,再用葡萄球菌作一直线接种,置 37℃的温箱内培养 1～3 d,根据 3 种培养基上的生长情况,判定需要某一生长因子(表 4-2)。

表 4-2　X、V 生长因子的检查

项目	巧克力琼脂有 X、V	120℃30 min 巧克力琼脂有 X	2% 胨＋葡萄球菌有 V
细菌需要 X、V 者	＋	－	－
细菌需要 X 者	＋	＋	－
细菌需要 V 者	＋	－	＋

(五)对温度的要求

细菌在一定温度范围内能进行其生命活动。如超出适宜温度的范围,便会产生不利的影响,高温对细菌有致死作用,细菌对低温的抵抗力较强,低温能抑制细菌的生长繁殖。各种细菌所需的最适温度是不相同的。培养温度越接近最适温度,增殖一代所需的时间越短。因此,一定要掌握细菌生长的最适温度。一般病原菌的最适生长温度是 37℃,而真菌是 25℃左右。

不同温度生长试验,是将待检菌接种一系列肉汤或斜面培养基,分别放在不同温度中,有 5℃、10℃、15℃、20℃、25℃、30℃、37℃、41℃、45℃和 55℃,培养 24～48 h,观察其生长情况,判定其生长的最低温度、最高温度和最适温度。

(六)生长的 pH

pH 对细菌的发育影响很大。不同 pH 的生长试验如下:将待检菌接种于一系列不同 pH 的肉汤(如 pH 5.4、5.6、5.8、6.0、6.2、6.4、6.6、6.8、7.0…10.0)内,在 37℃温箱内培养 1～2 d,观察生长情况,判定生长的最低、最高和最适的 pH。

(七)对 NaCl 的耐受性试验

培养基中的 NaCl 是用来维持渗透压的。不同细菌对 NaCl 的耐受性不同,因此,可用来分离鉴定细菌,如用 6.5%NaCl 琼脂培养基分离金黄色葡萄球菌和鉴定 D 族链球菌。

对 NaCl 的耐受性试验是将待检菌接种在一系列不同 NaCl 的肉汤或营养琼脂(如无盐、0.5%、4%、6%、7%、8%、9%、10%)内,37℃培养 1~3 d,观察其生长与否。

二、生长表现的检查

纯培养菌生长表现的检查,也就是检查纯培养菌的群体形态,因为细菌的形体微小,肉眼看不见单个细胞,但是,一个细菌细胞在人工培养基上培养,经过一定时间后,其生长表现就可用肉眼看到,所以生长表现(培养特性)是纯培养菌的群体特征。

(一)菌落

用划线法将纯培养菌接种于营养琼脂平板或其他适宜琼脂表面上,使细菌分散开,于一定温度中,经一定时间培养后,有许多个由一个细菌长出的群体,称为细菌菌落。观察时先以肉眼观察单个菌落形状、大小(用尺子在平皿底部测量)、颜色、湿润度、隆起度(微揭开平皿盖,将平皿放于同检查者视线平行的前方观察)及透明度(将平皿立起对光检查),并用接种环轻轻触及菌落,以检查其质度,同时挑取少许材料置于玻片上的水滴混合,检查其乳化性;然后将平皿底朝上置于显微镜下用低倍镜观察菌落之表面、构造及边缘,同时,也要注意菌落颜色。菌落特征可参考以下术语加以描述。

(1)形状:圆形、针尖状(直径在 1.0 mm 以内者),不规则、根状。

(2)大小:以 mm 计算。

(3)隆起度(图 4-1):扁平、高起、隆起、圆顶形。

(4)表面:光滑、粗糙、同心圆状、放射状、乳头形、脐形等。

(5)构造:颗粒状(细、中、粗)、丝状、卷曲状等。

(6)边缘:整齐、波状、锯齿状、丝状和卷发状等。

(7)颜色:无色、灰白色、灰黄色等。

(8)透明度:半透明、透明、不透明。

(9)质度:奶油状、黏性、质脆、膜样。

(10)乳化性:易或难、混合后成均匀、颗粒或膜样。

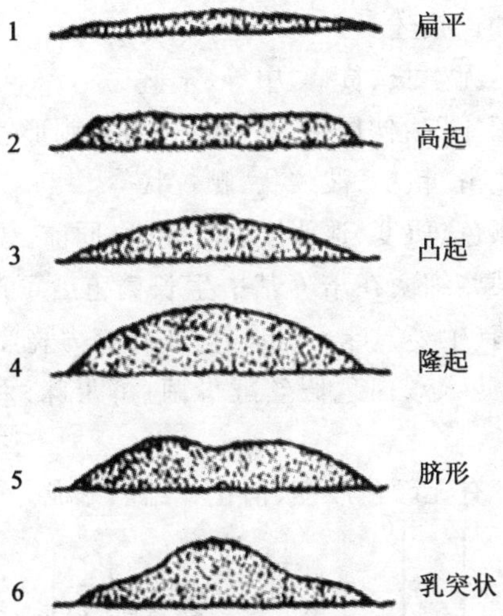

图 4-1　细菌菌落的隆起度

据细菌菌落表面特征不同,可将菌落分为以下 3 型。

(1)光滑型菌落(S 形菌落):菌落表面光滑、湿润、边缘整齐,新分离的细菌大多呈光滑型菌落。

(2)粗糙型菌落(R 形菌落):菌落表面粗糙、干燥、呈皱纹或颗粒状,边缘大多不整齐。R 形菌落多为 S 形细菌变异失去菌体表面多糖或蛋白质形成。R 形细菌抗原不完整,毒力和抗吞噬能力都比 S 形细菌弱。但也有少数细菌新分离的毒力株就是 R 形,如炭疽芽胞杆菌、结核分枝菌等。

(3)黏液型菌落(M 形菌落):菌落黏稠、有光泽、似水珠样。多见于厚荚膜或丰富黏液层的细菌、结核杆菌等。

(二)琼脂斜面培养基上的生长表现

通常系将纯培养菌用直线形接种于普通或含有特殊营养培养基上，经培养后，用肉眼观察其生长情况，注意以下几个方面，并参考所列举术语加以描述。

(1)生长量：无生长、贫瘠、中等、丰盛。

(2)形状(图 4-2)：伸展形、蔓延形、根形、刺形、念珠形等。

(3)表面：光滑、粗糙、波纹状、颗粒状等。

(4)边缘、颜色、质度、透明度和乳化性：同前。

(5)气味：某些细菌在培养基中生长繁殖后可产生特殊气味，如铜绿假单胞菌(生姜气味)、变形杆菌(巧克力烧焦的臭味)、厌氧梭菌(腐败的恶臭味)、白色假丝酵母菌(酵母味)和放线菌(泥土味)等。

(6)培养基：有无颜色改变、消化或结晶形成。

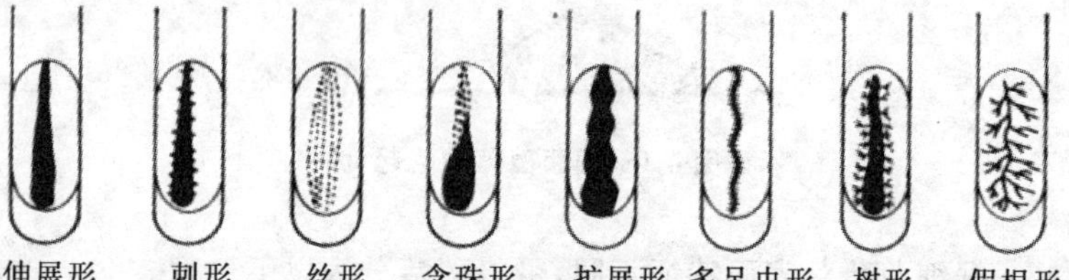

图 4-2 斜面上的生长形状

(三)肉汤中的生长表现

将纯培养菌接种于营养肉汤或其他液体培养基内，在 37℃培养 24 h，以肉眼观察细菌的生长量，培养物的混浊度、表面生长情况，沉淀物有无等，然后用手指轻轻弹动试管底部，使沉淀物浮起，以检查沉淀物的性状。细菌在肉汤中的生长表现参考以下术语加以描述(图 4-3)。

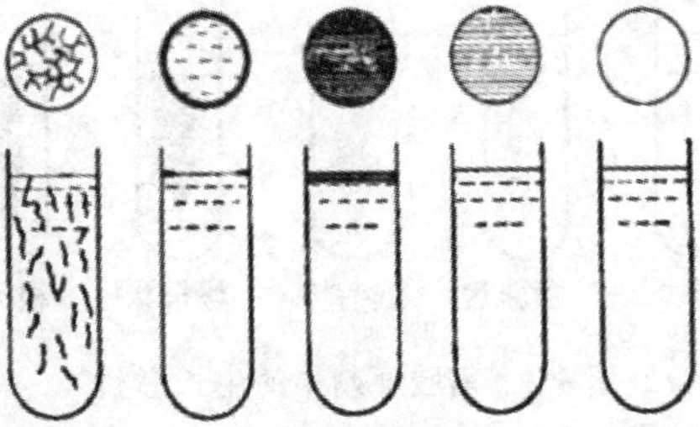

图 4-3　肉汤中的生长表现

(1)混浊度:是否混浊、轻度、中度和高度混浊,混浊情况为全管一致、颗粒状或棉絮状混浊。

(2)表面生长:有无,环状或膜状,菌膜的厚度(薄膜、厚膜),菌膜表面的情况(光滑、粗糙或颗粒状)。

(3)沉淀:有无、多少,沉淀物的性状(粉末状、颗粒状、絮状、膜状或黏液状),振荡后是否散开。

(4)颜色:有无颜色,有无气味。

(四)筋胶穿刺培养

以接种针挑取纯培养菌,从培养基中心垂直地穿刺接种到培养基的底部,然后顺着穿刺线退出培养基,置 20℃以下温度培养,经过 5～10 d 后观察结果,按下列诸点记录。

(1)生长有无、多少、生长部位(是在培养基上部生长,下部生长,还是上下一致生长)。

(2)生长形状:丝状、念珠状、绒毛状、根状、有无分枝等(图 4-4)。

(3)生长范围:在管中生长的深度。

(4)液化作用:有无液化、液化状态、液化开始时间(图 4-5)。

(5)颜色:有无颜色变化。

(6)透明度:同前。

图 4-4　筋胶穿刺中的生长形状

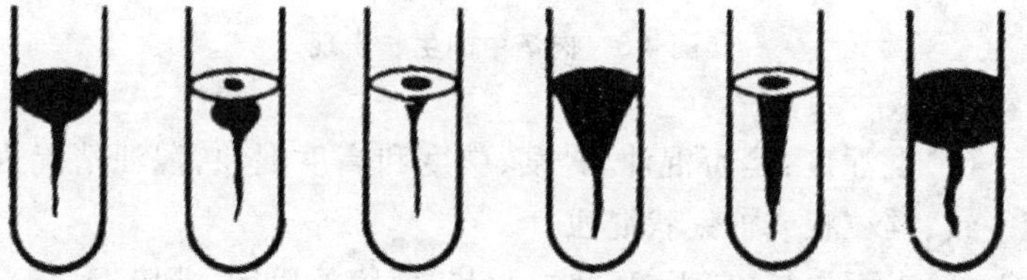

图 4-5　筋胶液化形状

(五)深层琼脂摇振培养基

将纯培养菌接种于融化并冷到 50℃的深层琼脂内,立即以手掌搓转试管,使细菌均匀分布于培养基内,置 37℃温箱中培养 24～48 h 后,以肉眼观察其生长情况。上、下一致生长者为兼性厌氧菌,只在表面上生长的是专性需氧菌,只在下面生长者为专性厌氧菌。

菌落、大小、形状、颜色、透明度、边缘、有无突起样生长。气体有无,培养基断裂否。

(六)鲜血琼脂平板

将纯培养菌涂布接种于鲜血琼脂平板表面。经 37℃培养 24～48 h 后,用肉眼进行观察。主要用来检查细菌的溶血作用。描述结果时,应注明是何种动物的血液。菌落溶血特性有下列 3 种情况。

α 溶血：又称草绿色溶血，菌落周围培养基出现 1～2 mm 的草绿色环，为高铁血红蛋白所致。

β 溶血：又称完全溶血，菌落周围形成一个完全清晰透明的溶血环，是细菌产生的溶血素使红细胞完全溶解所致。

γ 溶血：即不溶血，菌落周围的培养基没有变化，红细胞没有溶解或缺损。

(七)疱肉培养基

取纯培养菌接种于疱肉培养基中，置 37℃ 培养 24～48 h，以肉眼观察培养物的混浊度、生长量、沉淀和肉块的颜色。本试验主要用于厌氧菌的培养，致病性厌氧梭状芽胞杆菌在疱肉培养基中生长后，可分为两型，即分解蛋白型和分解糖型，前者使肉块分解或变黑，如肉毒梭菌、破伤风梭菌；后者使肉块变成粉红色且产气，如魏氏梭菌、腐败梭菌、气肿疽梭菌等。

(八) 马铃薯培养基

用接种环挑取纯培养菌接种于马铃薯培养基或金氏培养基上，置 37℃ 温箱内培养 24～48 h，观察结果。在此培养基上，含有丰富的盐类，有利于细菌产生色素，所以可用此培养基研究形成色素的情况。

第二节　细菌的生长曲线

细菌的生长曲线就是把一定量的菌体细胞接种到恒定容积的液体培养基中，在适宜的条件下进行培养，在此过程中，其细胞数目将随着培养时间的延长发生规律性的变化，如以细胞数目的对数值(或 OD 值)为纵坐标，以培养时间为横坐标作一条曲线，即为细菌的生长曲线，它反映了细菌的群体生长规律。

一、生长曲线的特征

依据其生长速率的不同，可把细菌的生长曲线划分为延滞期、对数期、稳定期和衰亡期4个时期。

（1）延滞期：为细菌进入新环境的适应阶段，有1～4 h。此期细菌体积增大，代谢活跃，但不分裂，主要合成各种酶、辅酶和代谢产物，为后续的增殖准备必要的条件。

（2）对数期：细菌培养至8～18 h，则以几何级数恒定快速增殖，在曲线图上，活菌数的对数直线上升至顶峰。此期细菌的大小、形态、染色性、生理活性等都较典型，对抗生素等外界环境的作用也较为敏感，细菌的鉴定等选用此期为佳。

（3）稳定期：由于培养基中营养物质的消耗，毒性代谢产物积聚，pH下降，使细菌的繁殖速度渐趋减慢，死亡数逐步上升。此时，细菌繁殖数与死亡数趋于平衡。此期细菌形态和生理特性常发生变异，如革兰氏阳性菌可能被染成阴性菌；同时细菌产生和积累代谢产物，如外毒素、抗生素等；芽胞也多在此期形成。

（4）衰亡期：细菌繁殖速度减慢或停止，死菌数迅速超过活菌数。此期细菌形态显著改变，菌体变长、肿胀或扭曲，出现畸形或衰退形等多形态，有的菌体自溶，难以辨认，代谢活动停滞等。

细菌的生长曲线是在体外人工培养条件下观察到的，在动物体内因受诸多因素的制约，未必能出现此种典型规律。体外测定细菌的生长曲线，可了解不同细菌的生长规律，对科研和生产都具有重要的指导意义。

二、生长曲线的测定

测定细菌生长曲线的方法很多，有血球计数板法、平板菌落计数法、称重法和比浊法。其中比浊法较简单常用。由于细菌悬液的浓度与混浊度成正比，因此，可利用分光光度计测定细菌悬液的光密度来推知菌液的浓度。注意，由于光密度表示的是培养液中的总菌数，包括活菌和死菌，因此此法测定的生长曲线的衰亡期不明显。以大肠杆菌为例介绍比浊法的测定。

1. 材料和器皿的准备

(1)培养基：牛肉膏蛋白胨培养基。

(2)器皿：721 分光光度计，比色杯，恒温摇床，无菌吸管，试管，三角瓶。

2. 方法与步骤

(1)种子液制备：取大肠杆菌（*Escherichia coli*）斜面菌种 1 支，以无菌操作挑取 1 环菌苔，接入牛肉膏蛋白胨培养液中，静置培养 12 h，此菌液用作测定时的“种子”培养液。

(2)标记编号：取盛有 25 mL 无菌牛肉膏蛋白胨培养液的 100 mL 三角瓶 11 个，分别编号为 0、1.5、3、4、6、8、10、12、14、16、20 h。

(3)接种培养：用 5 mL 无菌吸管分别准确吸取 2.5 mL 种子液加入已编号的 11 个三角瓶中，每瓶接种量为 10%。于 37℃下振荡培养。然后分别按对应时间将三角瓶取出，立即放冰箱中贮存，待培养结束时一同测定 OD 值。

(4)生长量测定：将未接种的牛肉膏蛋白胨培养基倾倒入比色杯中，选用 600 nm 波长在分光光度计上调节零点，作为空白对照，并对不同时间培养液从 0 h 起依次进行测定。对浓度大的菌悬液可用未接种的牛肉膏蛋白胨培养液适当稀释后测定，使其 OD 值为 0.10～0.65，经稀释后测得的 OD 值要乘以稀释倍数，才是培养液实际的 OD 值。

第三节　细菌的计数法

与测定细菌等的生长量不同，计算微生物的繁殖，最重要的是要计算出其群体中细菌的个体数目。在生物制品的检定，食品、水样、乳品及病料（血、尿、渗出液等）的细菌学检查等工作中往往需要计算所含细菌的总数。细菌计数方法可分为两大类：一类是活菌计数法，常用平板计数法；另一类是总菌数（包括活菌和死菌）计数法。又可分为直接计数法（如染色涂片计数法、计算室计数法等）和比浊法。现将几种常用的方法介绍如下。

一、平板计数法

一个活的细菌，在平板培养基上经培养可形成一个肉眼可见的菌落。故计算菌落数量即可推知被测的活菌数量。平板计数法根据接种的方法不同，分为表面涂布法和倾注平板法。

1. 平板表面涂布法

（1）培养基和待检菌液的准备

①营养琼脂平板：按常规方法制备。

②稀释液：灭菌生理盐水或普通肉汤培养基。

③待检菌液：将待检菌移种在肉汤培养基中，于37℃培养12～24 h。

④待检样品：液体样品可直接使用。固体样品加5～10倍灭菌稀释液，于灭菌乳钵中研磨做成混悬液。在计算结果时还应乘以稀释倍数。

（2）测定方法

①取营养琼脂平板8个，倒置在37℃温箱中放置1 h，使平板表面的水分干燥。取出后将其分为4组，每组2个平板，第1～3组分别标明10^{-5}、10^{-6}和10^{-7}，第4组为对照组。

②取灭菌小试管7支，分别标明10^{-1}～10^{-7}，每支试管中加入稀释液9 mL，用灭菌吸管准确吸取待检菌液（或待检样品）1 mL，加入到10^{-1}试管中，吸管端切勿接触液面。另取一支灭菌吸管，插入10^{-1}试管悬液中约2 cm，小心吸吹数次，使悬液混匀，然后准确吸取1 mL加入到10^{-2}试管中，如此一直稀释到10^{-7}试管，每次稀释都要更换灭菌吸管。

③用3支灭菌吸管，分别吸取10^{-5}、10^{-6}和10^{-7}试管中的菌悬液，对应加在3组营养琼脂平板上，每个平板准确地加入菌悬液0.1 mL，用灭菌L形玻璃棒将菌悬液在平板表面涂匀。

④第4组对照平板中，各加入稀释液0.1 mL，涂匀。

⑤将上述各组的平板平放在37℃温箱中1～2 h，使菌液渗透于培养基内，然后倒置培养24 h。

(3)计数：用肉眼观察并计数每个平板上的菌落数，必要时可用5～10倍放大镜观察，以免遗漏。每个稀释度2个平板取其菌落数平均数。选择10^{-5}、10^{-6}和10^{-7} 3组平板中菌落数为30～300个的稀释度，按下式计算活菌数。

活菌数/mL＝平均菌落数×10×稀释倍数。

举例：在10^{-6}稀释的平板中数得平均为60个菌落。

计算结果：$60\times10\times10^{6}=6\times10^{8}$个活菌/mL。

(4)注意事项：对照组应无菌落生长，否则试验不准确，应重做。前一稀释度的平均菌落数应为后一稀释度平均菌落数的10倍左右，如差别太大，则说明试验不准确，应重做。菌落稠密成片生长的平板，不能用来计数。并非每个活菌都能形成菌落，而一个菌落也并不都是单个细菌所成，因此，活菌计数的结果一般低于实际数量。

2. 倾注平板法

(1)培养基、稀释液、待检菌液和待检样品的制备均和表面涂布法相同。

(2)测定方法

①取灭菌试管7支，分别标明10^{-1}～10^{-7}，各加入稀释液9 mL，第1管加入待检菌液(或待检样品)1 mL，混匀后取1 mL移至第2管，如此一直稀释到第7管。加液稀释时应注意与表面涂布法相同。

②取灭菌平皿8个，分为4组，每组2个平皿，第1～3组分别

标明 10^{-5}、10^{-6} 和 10^{-7}，第 4 组为对照组。用灭菌吸管分别吸取稀释好的后 3 管菌悬液，对号加到相应的平皿中，每个平皿加入 1 mL 菌液。第 4 组平皿加入稀释液 1 mL。

③先将营养琼脂培养基加热融化，待冷至 46℃（可放在 46℃ 水浴中保温备用）左右，倾注入上述平皿中，每个平皿约 15 mL，立即转动平板使其混合均匀，平放待其凝固后，倒置于 37℃ 温箱中培养 24 h。

(3)计数：用肉眼观察计数每个平板中的菌落数，每组两个平板取其平均数，选择菌落数适宜（30～300 个）的稀释度计算结果。

活菌数/mL＝平均菌落数×稀释倍数

二、显微镜直接计数法

利用血球计数板在显微镜下直接计数，是一种常用的微生物细胞数目计数方法。此法的优点是直观、快速。将经过适当稀释的菌悬液（或孢子悬液）放在血球计数板载玻片与盖玻片之间的计数室中，在显微镜下逐格计数。由于计数室的容积是固定的，故可将在显微镜下计得的菌体细胞数（或孢子数）换算成单位体积试样中的含菌量。此法所计得数值是样品中活菌数和死菌数的总和，故又称为总菌计数法。

血球计数板，通常是一块特制的载玻片（图 4-6），其上由 4 条槽构成 3 个平台。中间的平台又被一短横槽隔成两半，每一边的平台上各刻有一个方格网，每个方格网共分 9 个大方格，中间的大方格即为计数室，该计数室又被精密地分为 400 个小格，但计数室还有 25 个中格（为 16 小格/中格）或 16 个中格（为 25 小格/中格）两种，每中格的四周均有双线界限标志，以便在显微镜下区分。微生物的计数就在计数室中进行。

计数室大方格的边长为 1 mm，故面积为 1 mm^2，计数室与盖玻片间的深度为 0.1 mm，故计数室的体积为 0.1 mm^3。计数时，先计得若干（一般为 5 个）中格内的含菌数，再求得每中格菌数的

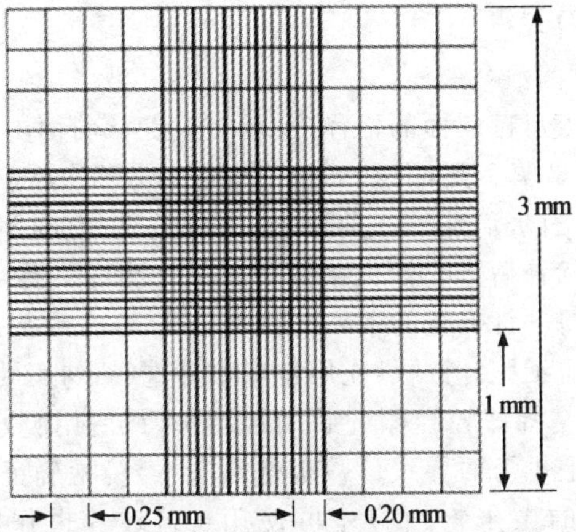

图 4-6　血球计数板

平均值，然后乘上中格数（16 或 25），就可得出 1 大方格（0.1 mm^3）计数室中的总菌数，若再乘以 10^4（换算成每毫升的含菌量）及菌液的稀释倍数，即可算出每毫升原菌液中的总菌数。

若要区分计数样品中的死菌和活菌，则可采用微生物的活体染色法。美蓝是常用的活体染色染料，当它处于氧化态时呈蓝色，还原态时为无色。用它进行染色时，由于活细胞代谢过程中的脱氢作用，美蓝接受氢后就由氧化态变为还原态，因此活细胞呈现无色，而衰老或死亡的细胞由于代谢缓慢或停止，不能使美蓝还原，故细胞呈蓝色。

1. 材料准备

待检菌（酵母菌）、95％酒精棉球、生理盐水、内装玻璃珠的三角瓶、磷酸盐缓冲液、美蓝染色液（配方：美蓝 0.025 g，NaCl 0.9 g，氯化钾 0.042 g，$CaCl_2 \cdot 6H_2O$ 0.048 g，$NaHCO_3$ 0.02 g，葡糖糖 1 g，蒸馏水 100 mL）、显微镜、血细胞计数板等。

2.方法与步骤

(1)计总菌数

①制备酵母菌斜面的稀释液:取在麦芽汁斜面上(在30℃)培养48 h的酵母菌1支,用10 mL生理盐水分两次将斜面菌苔完全洗下,倒入含有玻璃珠的三角瓶中,充分振荡,使细胞分散。该菌悬液经适当稀释后作为计数菌液的样品。为提高计数精确度,菌液应稀释到每一计数板的中格平均有15～20个细胞数为宜。

②清洗血细胞计数板:先用自来水冲洗(切勿用硬刷子洗刷),再用95%酒精棉球轻轻擦洗后用水冲洗,最后用吸水纸吸干(切忌在酒精灯上烘烤而导致计数板爆裂)。经镜检确证计数板上无污物或黏附的微生物细胞才可使用。盖玻片也作同样的清洁处理。

③加菌液:将计数板的盖玻片放在计数室上面的两边平台架上,用细口滴管将菌液来回吹吸数次,使菌液充分混匀并使滴管内壁吸附完全后,立即吸取少量酵母菌悬液滴加在盖玻片与计数板的边缘缝隙处,让菌液沿盖玻片与计数板间的缝隙渗入计数室(避免计数室内产生气泡)。再用镊子轻碰一下盖玻片,以免因菌液过多将盖玻片浮起而改变计数室的实际容积。静置片刻,待菌体自然沉降与稳定后,可在显微镜下选择中格区并逐格计数。

④计数:先在低倍镜下(视野宜暗些)寻找计数板大方格网,再在大方格网中央寻找计数室并将其移至视野的中央,转用高倍镜观察和计数。为了减少计数中的误差,所选的中格位置及样品含菌量均应具有代表性,通常选取25中格计数室内的5格即4个角与中央计取其含菌数。为提高精确度,每个样品必须重复计数2～4个计数室内的含菌量,若误差在统计的允许范围内,则可求其平均值。

⑤清洗:计数完毕,计数板先用蒸馏水冲洗,吸水纸吸干,再用酒精棉球轻轻擦拭后水冲,最后用擦镜纸擦干。计数室上的盖玻片亦做同样的清洗与擦干处理,最后放入计数板的盒中。

(2)计死、活菌体数

①制备酵母菌菌液：取在麦芽汁斜面上培养 48 h 的酵母菌 1 支，用 10 mL 磷酸盐缓冲液将菌苔洗下，倒入含有玻璃珠的三角瓶中，充分振荡以分散细胞。将上述菌液再进行适当稀释。

②活体染色：取上述配置的美蓝染液 0.9 mL 于试管中，再取上述菌液 0.1 mL 相混合，染色 10 min 后进行计数。

③洗净计数板：清洁血细胞计数板与盖玻片的方法同前。

④加染色菌液：方法同前。

⑤分别计数与计算：分别计各中格中的死细胞(蓝色)和活细胞(无色)数目，再计算出活细胞百分比。

⑥清洗：实验完毕后处理血细胞计数板，方法同前。

(3)计算方法

菌数(个/mL)＝$(x1+x2+x3+x4+x5)/5\times25$(或 16)$\times10^4\times$稀释倍数

三、比浊法

比浊法是对比细菌悬液与标准管的浊度，求出大致的菌数。其优点是快速简便，常用于菌苗及其他生物制剂的生产，细菌毒力的测定和攻毒量的确定等。1907 年 Farland 和 1914 年 Brown 相继提出细菌计数比浊法，分别称之为麦氏浊度标准和布朗氏标准，长期以来亦被我国所采用。近年细菌比浊法有了较大改进，一些国家分别制定了本国的细菌浊度标准，在标准管的制备，比浊方法和浊度单位等方面各有差异。世界卫生组织亦制定了国际通用比浊标准供各国参考。

1. 标准比浊法

(1)比浊管：由国家生物制品检定部门提供，每套包括一支细菌标准比浊管，数支供样品比浊的空管以及一张比浊用的图片，说明书上注明标准管相当于不同的细菌种类的菌数。我国目前使用的标准比浊管由玻璃粉悬液制成，颗粒平均值为(1.52 ± 0.17) μm，试管口径(10±0.25) mm,浊度单位为亿/mL,标准管使用期为1年。

(2)比浊方法:将空管拭刷干净,加入待检菌液1 mL。比浊时先将标准管摇匀,并将标准管与待测管并列紧贴在图片前,两管受光应均匀,透过试管用肉眼观察图片的清晰度,并将两管左、右换位,反复对比,在测定管中滴加适量稀释液(生理盐水),到两管背后的图片清晰度相同为止。将标准管的菌数(不同种类细菌的标准菌数不同,可参考说明书)乘以稀释倍数即为待测菌液的菌数。例如测定大肠杆菌的菌数,稀释4倍后与标准管的浊度相同,据说明书所示,标准管相当于8亿/mL大肠杆菌,故被测菌数为8×4=32亿/mL。

2. 麦氏比浊法

(1)比浊管的制备:选取口径和管壁厚薄一致的洁净试管10支,分别加入1%氯化钡溶液,然后加入1%纯硫酸溶液,使各管总加液量为10 mL,加塞并用石蜡封固(也可将管口熔封),保存备用。各管加液量及浊度单位见表4-3。

表4-3　比浊管的配制及其浊度单位

管号	1	2	3	4	5	6	7	8	9	10
1%氯化钡溶液(mL)	0.1	0.2	0.3	0.4	0.5	0.6	0.7	0.8	0.9	1.0
1%纯硫酸(mL)	9.9	9.8	9.7	9.6	9.5	9.4	9.3	9.2	9.1	9.0
浊度单位(10^8/mL)	3	6	9	12	15	18	21	24	27	30

(2)比浊方法:取与标准比浊管的口径、厚薄和质料一致的洁净试管,加入适量的待测菌液。将标准比浊管摇匀,手持并列的标准管与待测管,在两管背面衬以印刷字或图片,透过试管目测背景的清晰度,待测管与那一支标准管的浊度相同,即相当于该标准管的菌数。如菌液太浓,可先作适当稀释然后比浊,计算结果时应乘以稀释倍数。

第四节　细菌生化特性测定

细菌在含有一定化合物的培养基中生长后，由于细菌的分解与合成作用，可使该物质转化成其他物质；细菌产物的性质随细菌种类不同而异，可借助于生物化学方法测定出来，这种方法称为细菌的生物化学特性检查法，或称生化试验。

细菌的分解代谢和合成代谢受其本身酶的控制，例如某一细菌有蔗糖转化酶，所以，该菌可以把蔗糖水解成葡萄糖和果糖，被细菌利用而出现可见反应。若无此酶，则无此反应。细菌的种类很多，它们所含有酶也各不相同。因此，可用生化试验方法鉴定细菌，这是细菌鉴定的一个重要方面。

一、糖类代谢试验

(一)糖发酵试验

1. 原理

细菌分解糖可产生有机酸或二氧化碳和水，产酸可通过指示剂的颜色变化来检查，产气可见试管内倒立的小发酵管中蓄积气体。如为半固体糖发酵，则可见到颜色改变和气泡在半固体中。

2. 方法

将纯培养菌接种于各种糖培养基中，置37℃培养1～7 d，多数细菌在24 h即可观察结果。产酸＋；产酸产气⊕；不分解－。

3. 糖发酵培养基

(1)成分：蛋白胨1 g，NaCl 0.5 g，各种糖0.5～1 g，1.6％溴甲酚紫酒精溶液0.1 mL，蒸馏水100 mL。

(2)制法：取蛋白胨、NaCl和水，混合加热溶解，矫正pH为7.6，再加热10 min。加1.6％溴甲酚紫指示剂后，把上述蛋白胨溶液分成若干份,分别加入各种糖,溶解后分装于有倒立发酵管的小试管内,每管液体要高于发酵管,如无发酵管,可用半固体糖发酵培养基代替。加塞,包装,115℃灭菌 20 min,取出后即可使用。为了便于区别,可把葡萄糖发酵管棉塞染成红色;乳糖蓝色;麦芽糖白色;蔗糖黑色。也可用市售的商品化糖发酵管。

(二)葡萄糖代谢型测定或 O/F 试验

1. 原理

氧化型的细菌是在有氧时分解葡萄糖,无氧时不能分解;发酵型细菌是在有无氧时都能分解葡萄糖;产碱型细菌是在有无氧的情况下都不能分解葡萄糖,或产生碱者呈深紫色。

2. 方法

取待测细菌纯培养,接种到 2 支葡萄糖培养基中,其中 1 支是接种后加液体石蜡的,于 37℃培养 1～3 d,记录试验结果。

3. 葡萄糖代谢型培养基

(1)成分:蛋白胨 2 g,NaCl 5 g,K_2HPO_4 0.3 g,琼脂 4 g,葡萄糖 10 g,0.2% BTB(溴麝香草酚蓝)12 mL,蒸馏水 1 000 mL。

(2)制法:将蛋白胨、琼脂、盐类和水混合,加热融解,矫正 pH 为 7.2,然后加葡萄糖和指示剂,混合加热 10 min,分装试管内,加塞包好,115℃灭菌 20 min,取出使呈琼脂高层。

(三)甲基红(MR)试验

1. 原理

某些细菌如大肠杆菌分解葡萄糖产生丙酮酸,进一步分解产生甲酸、乙酸、乳酸和琥珀酸等,使培养基的 pH 降至 4.5 或更低,甲基红试验呈阳性(红色)。产气杆菌产生中性的乙酰甲基甲醇,因而产酸较少。pH 为 5.4 以上,甲基红试验阴性(呈淡黄色)。

2. 方法

将纯培养菌接种于葡萄糖蛋白胨液中，培养 4～5 d 后，加甲基红试剂（取甲基红 0.1 g，溶于 95%酒精 300 mL 中，再加蒸馏水 200 mL 即成）1～5 滴于培养物 5.0 mL 中，呈红色者为甲基红试验阳性反应，黄色者为阴性反应。

3. 葡萄糖蛋白胨培养基

（1）成分：蛋白胨 0.5 g，葡糖糖 0.5 g，NaCl 0.5 g，K_2HPO_4 0.5 g，蒸馏水 100 mL。

（2）制法：将上述成分混于蒸馏水中，加热溶解，矫正 pH 为 7.0，用滤纸过滤，分装于小试管内，每管 3～5 mL，加塞包好，115℃灭菌 20 min，备用。

（四）VP 试验

1. 原理

在葡萄糖代谢过程中，分解丙酮酸，产生乙酰甲基甲醇，在碱性情况下，遇氧生成二乙酰，再与蛋白胨中精氨酸的胍基结合，生成红色化合物。

2. 方法

（1）取 2～4 d 培养物 2.0 mL，先加 6%甲萘酚酒精液 1.0 mL，再加 40%氢氧化钾液 0.4 mL，充分摇动试管，在数分钟内出现红色者为阳性反应，如为阴性，应放在 37℃中 4 h 再观察。

（2）取 2～4 d 培养物 1.0 mL，加 0.1 mL 试剂（取 40 g 氢氧化钾溶于 100 mL 水中，然后再加 0.3 g 肌酐）。置 50℃水浴 2 h，或在 37℃4 h，充分摇动试管，记录结果。出现红色或伊红色者为 VP 试验阳性反应。

3. 培养基

与甲基红试验相同。

(五)淀粉水解试验

1.原理

细菌可将淀粉水解转化成糖，加上碘试剂(即革兰氏染色用的碘液)1～2 滴，可见平板为蓝色，菌落周围无色，表示淀粉被水解，是淀粉水解试验阳性，一致的蓝色者，为淀粉水解阴性反应。

2.方法

将细菌纯培养接种于平板上，培养 24 h，加革兰氏碘液于菌落上，观察颜色变化，呈蓝色者为阴性，无蓝色者是淀粉水解阳性。

3.淀粉血清琼脂培养基

(1)成分：普通琼脂 100 mL，羊血清 5 mL，3%淀粉(灭菌)10 mL。

(2)制法：先将普通琼脂融化，待冷到 50℃时，以无菌操作加入血清、淀粉，混合均匀，倾入无菌平皿中，凝固后备用。

(六)半乳糖苷酶试验(ONPG 试验)

1.原理

细菌分解乳糖是受半乳糖苷酶和渗透酶控制的，若只有前者而无后者，则乳糖向半乳糖苷酶渗入缓慢，这是有些细菌乳糖发酵迟缓的原因。现在可以利用邻硝基酚半乳糖苷来测定半乳糖苷酶，本试验是测定乳糖发酵的最可靠试验。

2.方法

取一环细菌纯培养接种在 ONPG 培养基上，置 37℃培养 1～3 h 或 24 h，如有半乳糖苷酶，在 3 h 内产生黄色的邻硝基酚，如无此酶在 24 h 不变色。

3.ONPG 培养基

(1)成分：邻硝基酚 β 半乳糖苷(ONPG)0.6 g，0.01 mol/L、

pH 7.5 磷酸盐缓冲液 100 mL，pH 7.5 的灭菌 1%蛋白胨水 300 mL。

(2)制法：先将前两种成分混合溶解，用滤器过滤除菌，并在无菌操作条件下与蛋白胨混合，分装于试管内，每管 2～3 mL，无菌检验后备用。

(七)七叶苷水解试验

1. 原理

细菌分解七叶苷，产生葡萄糖和七叶素，七叶素与枸橼酸铁起反应，生成黑色化合物。

2. 方法

取细菌纯培养接种在七叶苷培养基上，在 37℃下培养过夜，阳性反应时培养基为棕黑色，主要用于鉴定链球菌。

3. 七叶苷培养基

(1)成分：胰蛋白胨 1.5 g，胆汁 2.5 mL，枸橼酸铁 0.2 g，七叶苷 0.1 g，琼脂 2 g，蒸馏水 100 mL。

(2)制法：将上述成分混合后，加热溶解，一般不需矫正 pH，如用其他蛋白胨，则需矫正 pH 为 7.0。过滤后分装于小试管内，每管 1 mL。加塞包装好，115℃蒸汽灭菌 20 min，取出趁热制成斜面，待凝固后，贮存冰箱中备用。

二、氨基酸蛋白质代谢试验

(一)吲哚试验(靛基质试验)

1. 原理

细菌分解蛋白胨中的氨基酸，产生吲哚，与对位二甲基氨基苯甲醛作用后，形成玫瑰吲哚而呈红色。

2.方法

(1)取待测细菌接种在蛋白胨水中,置37℃温箱中培养1~2 d,向培养物中慢慢加入2%的对位二甲基氨基苯甲醛酒精液(称取1 g对位二甲基氨基苯甲醛和50 mL的95%酒精,使试剂溶解后,贮存于褐色瓶内备用)0.5~1.0 mL,不要摇动,使其形成明显两层,即试剂重叠于培养物之上,再加浓盐酸1~2滴,注意观察培养物与试剂交接面上的变化,呈红色者为吲哚试验阳性,有吲哚产生,无变化者为阴性反应(Ehrlich法)。

(2)取待检培养物试管,加入Kovac试剂(取对位二甲基氨基苯甲醛10 g加戊醇150 mL,再慢慢加纯浓盐酸50 mL)约0.5 mL,轻摇试管,红色者为阳性。

(3)向待检培养物加Ehrlich-Boehme试剂(取对位二甲基氨基苯甲醛1 g加95%的酒精95 mL,再慢慢加入浓盐酸20 mL)0.5~1 mL,使其与培养物重叠,阳性者于两液面交接处呈红色。

(4)靛基质斑点试验(indol spot test)。将一片直径9 cm大小的1号滤纸放在培养皿的盖子上或一张载玻片上;取Kovac试剂1~1.5 mL,加在滤纸上使其变湿;取24 h血琼脂平板培养基涂布于湿滤纸上;若棕色的试剂在1~3 min内,由红紫色变为红色者为阳性。

3.蛋白胨培养基

(1)成分:蛋白胨1 g,NaCl 0.5 g,蒸馏水100 mL。

(2)制法:将上述成分混合于蒸馏水中,加热溶解,矫正pH 7.6,分装小试管内,每管1.5 mL,115℃灭菌20 min,供吲哚试验用,还可代替无糖肉汤供糖发酵用。

4.厌氧菌用蛋白胨水

(1)成分:胰蛋白胨2 g,Na_2HPO_4(无水)0.2 g,葡萄糖0.1 g,琼脂0.5 g,硫乙醇酸钠0.1 g,蒸馏水100 mL。

(2)制法:将上述成分混合,加热溶解,矫正 pH 为 7.4,分装,115℃蒸汽灭菌 20 min,供厌氧菌用。

(二)硫化氢试验

1.原理

细菌分解含硫的胱氨酸、半胱氨酸,产生硫化氢,再遇到重金属盐类,如铅、铁等化合物,生成黑色沉淀。

2.方法

(1)取细菌纯培养穿刺接种于醋酸铅琼脂或三糖铁琼脂内,于37℃培养 1～2 d,如沿穿刺线有黑褐色者,即为硫化氢阳性反应。为了便于观察,应沿管壁穿刺接种。

(2)将细菌培养物接种于琼脂斜面或营养肉汤或蛋白胨水内,并将浸有醋酸铅的纸条放在试管口与棉塞之间(用灭菌的滤纸条浸入醋酸铅饱和液,干燥后备用),于 37℃培养 1～2 d,纸条变黑者为产生 H_2S,不黑者为 H_2S 阴性。

3.醋酸铅琼脂培养基

(1)成分:蛋白胨 20 g,Na_2HPO_4 2 g,葡萄糖 1 g,琼脂 5 g,10%醋酸铅水 2 mL,蒸馏水 1 000 mL。

(2)制法:将除醋酸铅以外的各成分混合于水中,加热溶解,矫正 pH 为 7.0～7.4,然后加入醋酸铅液,混合均匀,分装试管内,115℃蒸汽灭菌 20 min,取出摇匀,直立凝固呈柱状。需氧和厌氧菌均可应用。

(三)尿素酶试验

1.原理

细菌分解尿素,产生大量的氨,使培养基变碱。

2.方法

取细菌接种于尿素培养基,在 37℃ 1～4 d,当培养基变红时,即表明尿素已被分解产碱，为阳性反应，若为阴性时应观察 4 d。

3. 尿素培养基

(1)成分：蛋白胨 0.1 g，NaCl 0.5 g，KH_2PO_4 0.2 g，葡萄糖 0.1 g，0.4%酚红水 0.3 mL，20%尿素水 10 mL，蒸馏水 100 mL。

(2)制法：除指示剂和尿素外，其他各种成分混入水中，加热溶解，矫正 pH 7.2，加入指示剂，混匀，分装小瓶内，每瓶 50 mL，115℃灭菌 20 min 后备用。以无菌操作加入过滤除菌的尿素 5 mL(约 2%)，混匀后分装小试管内，经 37℃温箱培养检查，证明无菌者，即可应用。

(四)明胶液化试验

1. 原理

某些细菌有蛋白酶，可以分解蛋白质，使不能吸收的蛋白质变为可以透入的多肽或氨基酸，明胶酶是一种胞外酶，它可以使明胶分解而失去凝固力。

2. 方法

以接种针挑取培养物，穿刺接种，在 20℃下培养，一般 1～7 d，每天观察结果。对缓慢液化者，应培养 30 d。如室温在 20℃以上时，培养 2～3 d 后，可把培养物放入冰箱，然后取出观察，凡液化者可以流动，并不再凝固。

3. 明胶培养基

(1)成分：明胶 12 g，牛肉汤 100 mL。

(2)制法：将上述成分混合，加热溶解，矫正 pH 7.2，待冷到 60℃时，加入鸡蛋清混合均匀，加热 20 min，使杂质与蛋清凝集，用纱布棉花过滤，分装，115℃蒸汽灭菌 20 min，备用。

(五)苯丙氨酸脱氨酶试验

1. 原理

细菌使苯丙氨酸脱氨后,产生苯丙酮酸,与三氯化铁形成绿色产物,如延长时间,绿色会很快退色。若苯丙酮酸与枸橼酸铁相遇,则产生棕黑色。

2. 方法

(1)挑取大量细菌培养物,移种于苯丙氨酸琼脂斜面,在37℃培养4 h或18~24 h,加10%三氯化铁溶液4~5滴,自斜面培养物上流下,阳性者呈绿色。

(2)将稀菌液接种于爱德华改良苯丙氨酸琼脂,在37℃培养1 h后,阳性者开始出现棕黑色,6 h后全部浸透斜面。

(六)氨基酸脱羧酶试验

1. 原理

细菌使赖氨酸、鸟氨酸和精氨酸脱羧,产生胺类,使培养基变碱。

2. 方法

挑取培养物接种于氨基酸脱羧酶试验培养基上,于37℃培养4 d,阳性者先变黄色后变为紫色,阴性者与对照管一样的黄色。

3. 氨基酸脱羧酶试验培养基

(1)成分:蛋白胨5 g,酵母膏3 g,葡萄糖1 g,蒸馏水1 000 mL,1.6%溴甲酚紫酒精溶液1 mL。

(2)制法:将前4种成分溶解。在每100 mL培养基中分别加入*L*-赖氨酸、*L*-鸟氨酸、*L*-精氨酸0.5 g,另一份100 mL培养基不加氨基酸,作为对照。加入氨基酸后,矫正pH 6.8,加指示剂后,分装小试管,每管1 mL,并于每管中加入液体石蜡,121℃蒸汽灭菌15 min,备用。

(七)精氨酸双水解酶试验

1. 原理

本试验是精氨酸经过两次水解,产生鸟氨酸、两分子的氨和一分子二氧化碳。

2. 方法

取细菌接种于精氨酸培养基上,作肠道菌科的鉴定时,可覆盖灭菌的液体石蜡,做假单胞菌鉴定时,不要加液体石蜡。置37℃培养7 d,观察记录结果,指示剂颜色变碱时为阳性反应,即溴甲酚紫为紫色,酚红为红色时为阳性。

3. Thornley氏精氨基酸培养基

(1)成分:蛋白胨0.1 g,NaCl 0.5 g,5% K_2HPO_4液0.6 mL,琼脂0.3 g,0.4%酚红液0.25 mL,*L*-精氨酸1 g,蒸馏水100 mL。

(2)制法:按上述成分配制,待加热溶解后,矫正pH为7.2,加入酚红指示剂,混合均匀,分装小试管内,加塞包好,115℃蒸汽灭菌20 min,置冰箱保存备用。

三、碳源与氮源利用试验

(一)枸橼酸盐利用试验

1. 原理

当细菌利用铵盐作为唯一氮源,利用枸橼酸盐作为唯一碳源时,才能在枸橼酸盐培养基上生长。细菌生长时,分解枸橼酸钠,生成碳酸钠,使培养基变碱。

2. 方法

将细菌做成盐水悬液,接种1环于枸橼酸钠琼脂斜面上,置37℃培养4 d,每天观察生长与否,阳性者有菌落生长,其培养基从绿色转变为蓝色，阴性者不见有细菌生长，培养基仍为绿色。

3. 西蒙氏枸橼酸盐琼脂

(1)成分：NaCl 5 g，$MgSO_4 \cdot 7H_2O$ 0.2 g，$NH_4H_2PO_4$ 1 g，K_2HPO_4 1 g，枸橼酸钠 5 g，琼脂(连续充分水洗 3 d)20 g，蒸馏水 1 000 mL，0.2%溴麝香草酚蓝 40 mL。

(2)制法：先将上述各种盐类溶于蒸馏水中，再加入琼脂，加热溶解，矫正 pH 为 6.8，然后加入指示剂，摇匀后脱脂棉过滤，分装于小试管内，每管 2 mL，置 121℃蒸汽灭菌 20 min，取出制成斜面，冷后应为绿色。

(二)马尿酸钠水解试验

1. 原理

B 群溶血性链球菌有马尿酸钠水解酶，可使马尿酸钠水解为苯甲酸和乙氨酸，而苯甲酸与三氯化铁相结合，形成稳定的有色苯甲酸铁沉淀。

2. 方法

将细菌纯培养接种于马尿酸钠培养基上，置 37℃培养 2～4 d。取培养物 0.8 mL，加试剂($FeCl_3 \cdot 6H_2O$ 12 g，溶于 2%盐酸 100 mL 中)0.2 mL，立刻混合均匀，经过 10～15 min，观察结果，如管内出现经久不消失的褐色沉淀，则表示马尿酸钠已水解为苯甲酸，是阳性反应。

3. 马尿酸钠肉汤

(1)成分：牛肉汤培养基 100 mL，马尿酸钠 1 g。

(2)制法：将马尿酸钠溶解于牛肉汤培养基中，分装于小试管内，加塞包好，置 121℃蒸汽灭菌 20 min。取出后，用蜡笔标记培养基的高度。用于鉴定链球菌。

（三）有机酸盐利用试验

1. 原理

酒石酸受细菌酶的作用，分解为乙酸、草酸等比较简单的有机酸。通过三羧酸循环，枸橼酸可被分解为各种比较简单的有机酸，如琥珀酸、乳酸、乙酸等。这些有机酸的生成，可使 pH 下降，指示剂颜色由蓝变黄，甚至变白。同时未被分解的酒石酸和枸橼酸与铅离子形成铅盐沉淀，若与阴性对照相比，可以判定反应的程度。细菌对酒石酸异构体的分解具有特异性。黏液酸分解后，可以生成简单的有机酸，用 BTB 指出酸性反应。

2. 方法

用接种环由 20 h 的肉汤培养物接种到有机酸培养基上，置37℃培养 14 d，每天观察并记录颜色变化。能分解酒石酸、枸橼酸、黏液酸者，指示剂由蓝变黄绿，直到白色，阴性者仍为蓝色。在试验结束时，向酒石酸盐、枸橼酸盐管内加 0.5 mL 的醋酸铅饱和水溶液，阳性管只有少量沉淀，阴性管有大量铅盐沉淀，24 h 后约占 2/3 液柱高度，与对照管相同。

3. 有机酸盐培养基

(1)成分：蛋白胨 10 g，0.1 mol/L NaOH 8.5 mL，蒸馏水 1 000 mL，0.2% BTB 12 mL。

(2)制法：取前 3 种成分混合，加热溶解，分成 5 份，每份 200 mL，分别加入 1%的右旋酒石酸钾钠(2 g)，0.5%左旋酒石酸(1 g)，0.5%消旋酒石酸(1 g)，1%枸橼酸钠(2 g)，1%黏液酸(2 g)，待溶解后，分别以 5 mol/L 的 NaOH 调整到 pH 7.4。按规定量加指示剂，分装，每管 3～4 mL，在 121℃灭菌 20 min，置冰箱内备用。

(四)丙二酸钠利用试验

1. 原理

当细菌利用丙二酸钠作为唯一碳源时，丙二酸钠被分解生成碳酸钠，使培养基变碱，呈蓝色。

2. 方法

用细菌纯培养接种到丙二酸钠培养基上，于 37℃培养 48 h，观察结果。

3. 丙二酸钠培养基

(1)成分：酵母膏 1 g，$(NH_4)_2SO_4$ 2 g，K_2HPO_4 0.6 g，KH_2PO_4 0.4 g，NaCl 2 g，丙二酸钠 3 g，0.2% BTB 12 mL，蒸馏水 1 000 mL。

(2)制法：先将酵母膏和盐类溶于水，矫正 pH 为 6.8，加入指示剂，分装试管，置 121℃灭菌 20 min，备用。

(五)葡萄糖铵利用试验

1. 原理

当细菌利用铵盐作为唯一氮源，且不需要尼克酸或某些氨基酸的时候，才可以在葡萄糖铵培养基上生长。细菌生长时，分解葡萄糖，使培养基变酸，呈黄绿或黄色。

2. 方法

用接种环轻轻触及培养物表面，在 1 mL 盐水内制成稀的悬液，肉眼观察不见混浊，以每一接种环内含菌 20～100 个为宜。将接种环灭菌后再挑取悬液接种在葡萄糖铵培养基上，同时以同法接种普通琼脂斜面作对照。于 37℃培养 24 h，阳性者有正常大小的菌落生长，阴性者不生长或者与对照管比菌落较小，也可视为阴性结果。

3. 葡萄糖铵培养基

(1)成分：NaCl 5 g，$MgSO_4 \cdot 7H_2O$ 0.2 g，$NH_4H_2PO_4$ 1 g，K_2HPO_4 1 g，葡萄糖 2 g，琼脂 20 g，0.2% BTB 40 mL，蒸馏水 1 000 mL。

(2)制法：先将盐类和糖溶解于水，加上琼脂，使其溶解后，矫正 pH 为 6.8，再加上指示剂，混合均匀，分装试管，在 115℃蒸汽灭菌 20 min，趁热放成斜面，此培养基所用器皿，要无离子，无菌，以防杂质污染，造成假阳性。

(六)醋酸钠利用试验

1. 原理

当细菌可以利用铵盐作为唯一氮源，同时利用醋酸盐作为唯一碳源时，才能在醋酸盐培养基上生长，形成碳酸钠，使培养基变碱，呈蓝色。

2. 方法

将细菌做成盐水悬液，接种 1 环于培养基斜面，置 37℃培养 7 d，每天观察结果一次，阳性者有菌落生长，培养基呈蓝色。

3. 醋酸钠培养基

(1)成分：NaCl 5 g，$MgSO_4 \cdot 7H_2O$ 0.2 g，$NH_4H_2PO_4$ 1 g，K_2HPO_4 1 g，醋酸钠 2.5 g，琼脂 20 g，蒸馏水 1 000 mL，0.2% BTB 40 mL。

(2)制法：先将盐类溶于水，再加琼脂，加热融化，矫正 pH 6.8，按配方加入指示剂，混合均匀后分装试管，在 121℃蒸汽灭菌20 min，趁热制成斜面，备用。

四、酶类试验和其他

(一)氧化酶试验

1.原理

氧化酶或称细胞色素氧化酶，是细胞色素呼吸酶系统的终末呼吸酶。作氧化酶试验时，此酶并不直接与氧化酶试剂反应，而是先使细胞色素 C 氧化，然后氧化型细胞色素 C 再与试剂氧化，产生颜色反应。

2.方法

(1)取白色滤纸一角，蘸取菌落少许，加试剂 1 滴，阳性者立即呈粉红色，5～10 s 呈深紫色。

(2)如细菌接种于普通琼脂平板上，在 37℃培养后长成菌落，可将试剂直接滴于菌落上，立即呈粉红色，继而变为深红至紫黑色。

(3)取滤纸片浸泡于 1%盐酸四甲基对苯二胺溶液中，取出干燥后，避光保存，用时将菌落涂于纸片上，或用纸片蘸菌落，若由红变紫色者为阳性反应。该纸片可在冰箱内保存 2 个月。

3.氧化酶试验的试剂

1%盐酸四甲基对苯二胺溶液，配好后，置褐色瓶内，避光冰箱保存，一般可用 2～4 周。

(二)细胞色素氧化酶试验

1.原理

本试验与氧化酶试验实际上是一种试验。被检菌如有细胞色素氧化酶，在分子氧的存在下，首先使细胞色素 C 氧化，然后氧化型细胞色素 C 再使对苯二胺氧化，并与 α-萘酚结合生成靛蓝而呈蓝色反应。

2. 方法

将两种试剂各 1 滴,加在培养 20 h 的培养物上,阳性者 30 s 内产生蓝色反应,阴性者观察 2 min。

3. 试剂

1%盐酸四甲基对苯二胺溶液和 1%α-萘酚酒精液。

(三)触酶试验

1. 原理

触酶又称过氧化氢酶,它可把过氧化氢分解为水和氧。

2. 方法

(1)取 1 滴 3%的过氧化氢,放在玻片上,然后用接种环由固体培养基上取菌苔一环,加到玻片上与试剂混合,如有大量气泡者即为阳性反应。

(2)先取 3%的过氧化氢 1 mL 放入小试管内,然后从琼脂斜面(不含血液)取 1 环细菌放入试管内,有大量气泡者即为阳性反应。

(四)过氧化物酶试验

1. 原理

过氧化物酶是将过氧化氢中的氧转移给可氧化的物质。细菌如有此酶,加入过氧化氢可使苯胺氧化成蓝色。

2. 方法

将盐酸联苯胺与过氧化氢等量混合,滴加于菌落上,于 2 min 内呈蓝色者,是过氧化物酶阳性。

3. 试剂

盐酸联苯胺 5 g 溶于 30 mL 冰醋酸中;3%过氧化氢。

(五)硝酸盐还原试验

1.原理

某些细菌能还原硝酸盐为亚硝酸盐，亚硝酸盐与试剂中的醋酸作用，生成亚硝酸，亚硝酸与对氨基苯磺酸作用，生成对重氮苯磺酸，再与 α-萘胺结合，生成 N-α-萘胺偶氮苯磺酸，呈红色反应。

试剂　甲液：对氨基苯磺酸 0.8 g，5 mol/L 醋酸 100 mL；

　　　乙液：α-萘胺 0.5 g，5 mol/L 醋酸 100 mL。

2.方法

取细菌接种到硝酸盐培养基上，在 37℃培养 1～4 d，加入甲液和乙液各数滴，如出现红色者即为阳性反应。还原能力强的细菌，可把硝酸盐全部还原成氮，出现假阴性。

3.硝酸盐培养基

(1)成分：蛋白胨 5 g，KNO_3 0.2 g，蒸馏水 1 000 mL。

(2)制法：混合上述成分，加热溶解，校正 pH 为 7.4，分装试管，121℃蒸汽灭菌 20 min，备用。

4.厌氧菌硝酸盐培养基

(1)成分：KNO_3 1 g，Na_2HPO_4 2 g，蛋白胨 20 g，葡萄糖 1 g，琼脂 3 g，蒸馏水 1 000 mL。

(2)制法：取上述成分混合，加热溶解，校正 pH 为 7.2，过滤，分装，121℃蒸汽灭菌 20 min，备用。

(六)凝固酶试验

1.原理

病原性葡萄球菌能产生凝固酶，使血浆中纤维蛋白原变成不溶解性的纤维蛋白，附于细胞表面，生成凝块，因而有对抗吞噬的作用。凝固酶试验对于判断菌株是否具有致病力，很有帮助。葡萄球菌所产生的凝固酶有两种：一种是与细胞壁结合的结合凝固酶，它直接作用于血浆中的纤维蛋白原，使其发生沉淀，包围于细胞外面凝聚成块，玻片试验的阳性结果就是由此酶引起的。另一种由菌体生成后释放于培养基中，叫作游离凝固酶，它能使凝血酶原变成凝血酶，试管法阳性与此有关。

2. 方法

(1)试管法：挑取细菌菌苔，混悬于 1∶4 倍稀释的兔血浆 0.5 mL中，做成浓悬液，同时用已知阳性菌株作对照，置 37℃培养 2～4 h，观察结果，凝固者为阳性。

(2)玻片法：取未经稀释的血浆及盐水各 1 滴，分别放于洁净玻片上。挑取新鲜培养物与盐水和血浆混合，立即观察，如血浆中有明显颗粒出现，而盐水无自凝现象者为凝固酶阳性。如玻片法阴性时，仍应做试管法以最后确诊。

(七)卵磷脂酶试验

1. 原理

魏氏梭菌产生卵磷脂酶，即 α 毒素，有钙离子存在时，此酶能迅速分解卵磷脂，生成甘油脂和水溶性磷酸胆碱。

2. 方法

(1)将细菌培养物划线接种于 10%卵黄营养琼脂上，或点种在培养基上亦可。于 37℃厌氧培养 3～6 h，卵磷脂酶阳性的菌株，在菌落周围形成乳白色混浊环，阴性者要观察 24～48 h。

(2)10%卵黄营养琼脂平板 2 个，一个加魏氏梭菌 α 毒素的抗血清数滴(约 100 单位)，涂布均匀，另一个不加抗血清，然后将被检的细菌划线接种在两个平板上，在 37℃厌氧培养 24 h，如果不加抗血清平板上的菌落有白色混浊环，而加抗血清平板上的菌落没有白色混浊环，即可确诊该菌是魏氏梭菌。

3. 卵黄营养琼脂

(1)成分：营养琼脂 100 mL，50%卵黄盐水(无菌)10 mL。

(2)制法：将卵洗净后，置 70%酒精内浸泡 30 min，取出放在小烧杯上，气室向上，点燃壳外的酒精，以无菌操作将壳打开，分出卵黄，与等量灭菌盐水混合于珠子瓶内，打碎卵黄，放 4℃冰箱内备用。将营养琼脂加热融化，待冷至 50℃时，以无菌操作法加入卵黄，混匀，倾入平板内，备用。

(八)磷酸酶试验

1. 原理

磷酸酶是磷酸脂的水解酶，许多细菌有磷酸酶，但主要用于致病性葡萄球菌与其他葡萄球菌的鉴别，以及沙雷氏菌属与肠杆菌的鉴别。

2. 方法

接种细菌于磷酸酚肽琼脂上，于 37℃培养过夜，在平皿盖上加 1 滴氨水，熏蒸片刻，如有酚肽释出，则菌落变为粉红色，即为阳性反应，否则为阴性。

3. 磷酸酚肽琼脂

取 1 000 mL 营养琼脂，加热融化，冷至 50℃时，加入过滤除菌的 1%磷酸酚肽溶液 1 mL，摇匀制成平板。

(九)DNA 酶试验

1. 原理

DNA 酶可使长链 DNA 水解，形成由几个单核苷酸组成的寡核苷酸，而长链 DNA 可被酸沉淀，寡核苷酸可溶于酸，在菌落周围形成透明环。

2. 方法

取细菌培养物点种在 0.2% DNA 营养琼脂上，于 37℃培养过夜或更长一些时间，用 1 mol/L 盐酸覆盖平板，有 DNA 酶的细菌，可在菌落周围形成透明环。

另外，还可将细菌点种到甲基绿 DNA 营养琼脂平板（在 pH 7.5 时，甲基绿与长链 DNA 形成绿色复合物），经培养后，如有 DNA 酶，DNA 被水解，甲基绿被释放，变为无色化合物，在菌落周围出现无色环，即为阳性反应。

（十）胆汁溶菌试验

1. 原理

胆盐或胆汁溶解肺炎球菌的机制，尚不清楚。胆盐有降低表面张力的作用，使细胞膜损坏或裂解。

2. 方法

取细菌 24 h 肉汤培养物 1 mL，加入 10%去氧胆酸钠水溶液 0.1 mL 或纯牛胆汁 0.2 mL。另取培养物 1 mL，加 0.1 mL 生理盐水作对照，于 37℃水浴 10～15 min，如加胆盐的管变为透明，而对照管仍混浊，表明细菌已被溶解。去氧胆酸钠在酸性时易生沉淀，故培养物为酸性时，应先矫正 pH 为弱碱性后，再做此试验。或将 10%去氧胆酸钠直接滴在菌落上，置 37℃作用 30 min，若菌落消失，即为阳性。

（十一）石蕊牛乳试验

1. 原理与结果观察

牛乳中含有丰富的糖和蛋白质，主要是乳糖和酪蛋白，一般细菌都能生长，由于不同细菌对这些物质的分解能力不同，故可观察数种不同反应。

(1)产酸：因发酵乳糖产酸，使指示剂变为红色。

(2)产碱：细菌分解酪蛋白产生碱性物质，使石蕊指示剂变蓝。

(3)凝固：分解乳糖变酸，产生凝乳酶等，二者都可以使牛乳凝固。

(4)胨化:将凝固的酪蛋白水解为蛋白胨,牛乳上层变清。

(5)产气:分解乳糖产酸产气,气体可冲开覆盖上层的石蜡。

魏氏梭菌对牛乳具有剧烈发酵反应,产酸、产气、凝固和胨化4种作用几乎同时发生,最后全被胨化变清,称暴烈发酵,是该菌所特有的,有鉴别作用。

2. 石蕊牛乳培养基

(1)成分:新鲜牛乳 100 mL,2%石蕊水溶液 1 mL(或 1.6%溴甲酚紫酒精液 0.1 mL)。

(2)制法:将牛乳置三角瓶内,用流通蒸汽加热 30 min,待冷后放入冰箱内过夜,第二天,用虹吸法吸出乳汁,弃去上层乳脂,即为脱脂奶。取脱脂乳 100 mL,加入石蕊,混合,分装,每管 7～8 mL,用流通蒸汽间歇灭菌 3 次,或 115℃灭菌 20 min,备用。

(十二)美蓝还原试验

1. 原理

在牛乳美蓝培养基中,0.1%的美蓝对溶血性链球菌和绿色链球菌有抑制作用,而粪链球菌和乳链球菌不受影响,可在其中生长,产生脱氢酶,使美蓝变为白色。

2. 方法

将细菌接种在牛乳美蓝培养基上,置 37℃培养 4 d,如有生长则培养基的蓝色逐渐消失,即为美蓝还原试验阳性,相反,颜色不变,即为阴性。阴性者可移种于血液琼脂平板上,培养 24 h 后无生长者,方可判为阴性。

3. 牛乳美蓝培养基

(1)成分:脱脂乳 100 mL,1%美蓝 1～2 mL。

(2)制法:取上述两种成分混合后,分装试管内,在 115℃蒸汽灭菌 20 min，或间歇灭菌 3 次，备用。

(十三)凝固血清液化试验

1. 原理

细菌液化凝固血清，是一种蛋白酶的作用。

2. 方法

取细菌纯培养接种在吕氏血清培养基表面，于 37℃ 培养 2～7 d，可见到菌落下陷，菌落周围液状，即为液化阳性。

3. 吕氏血清培养基

(1)成分：1％葡萄糖营养肉汤(pH 7.6)100 mL，牛、羊血清 300 mL。

(2)制法：将肉汤与血清按比例混合，分装于无菌试管内，每管 5 mL，在血清凝固器上，使之呈一定角度，制成斜面，间歇灭菌 3 次，第一次 80℃ 1 h，第二次 85℃ 1 h，于 37℃温箱内过夜，第三次 90℃ 1 h，于 37℃过夜，污染的斜面废弃。

(十四)氰化钾试验

1. 原理

氰化钾可以和铁卟啉结合，因此，有铁卟啉的酶，如细胞色素、细胞色素氧化酶、过氧化氢酶和过氧化物酶，与氰化钾结合后，使酶失去活性，而细菌的生长受到抑制。在肠杆菌科中沙门氏菌、志贺氏菌和埃希氏菌 3 个属的细菌，氰化钾有抑制生长的作用。

2. 方法

由 24 h 的肉汤培养物移种 1 环于氰化钾培养基，同时接种 1 管不加 KCN 的同样培养基作对照，在 37℃ 培养 2 d，有细菌生长即为阳性(不抑制)，不生长者为阴性(抑制)。

3. 氰化钾培养基

(1)成分：蛋白胨 10 g，NaCl 15 g，KH_2PO_4 0.225 g，Na_2HPO_4

5.64 g，蒸馏水 1 000 mL。

(2)制法：取上述成分加热溶解，矫正 pH 为 7.6，121℃灭菌 20 min，置冰箱内充分冷却后，以无菌操作法加入氰化钾，(每 1 000 mL 培养基加 0.5%氰化钾液 20 mL，使氰化钾最终浓度为 1∶10 000)分装于无菌试管内，每管 1 mL，用蘸有热石蜡的软木塞塞紧，在 4℃下可保存 4 周，同时要作不加氰化钾的肉汤作对照。氰化钾液取 0.5 g 加入无菌的蒸馏水 100 mL 中，即为 0.5%氰化钾。

(十五)染料抑菌试验

1.原理

某些染料有显著的抑菌作用。因为细菌一般情况下带阴性电荷，所以，常用碱性染料(带阳电荷)作抑菌剂。染料的抑菌作用是有选择性的，对不同细菌表现不同，故用一定浓度的染料，可以鉴别细菌。苯胺染料抑菌试验是鉴别布鲁氏菌菌型的一种最有效的方法。

2.方法

将试验菌株和标准菌株分别接种于琼脂斜面上，培养 48 h，用盐水洗下，稀释到每毫升含菌 10 亿。以直径 2 mm 的接种环挑取菌液 1 环，接种于染料抑制试验用的硫堇和碱性复红半固体琼脂的表层以下。每 1 菌株接种 2 份，分别置于二氧化碳和普通环境中，在 37℃培养，于 2、4、6 d 观察结果。布鲁氏菌开始仅在培养基表面下层有模糊不明显的生长，继而浮于琼脂的表面，以至形成菌膜。

3.染料抑菌试验培养基

(1)成分：肉浸汁 250 mL，NaCl 2.5 g，蛋白胨 1 g，琼脂 2 g，蒸馏水 250 mL。

(2)制法：将上述成分混合加热溶解，矫正 pH 为 6.8～7.0，滤过，分装于三角瓶内，每瓶 100 mL，121℃灭菌 20 min。配制 0.1%的硫堇和 0.1%碱性复红水溶液，隔水煮沸 20 min。取 2 瓶培养基，冷至 50℃，分别加入 0.1%硫堇溶液 4 mL 和 0.1%碱性复红溶液 2 mL，使其最终浓度分别为 1∶25 000 和 1∶50 000。充分混合后，分装于无菌试管，每管 3 mL，待其凝固后，保存在 4℃冰箱内。

(十六)CAMP 七叶苷试验

1. 原理

无乳链球菌产生 CAMP 因子，与葡萄球菌的 β 溶血素协同作用下，使绵羊红细胞呈箭头状溶血，称 CAMP 试验阳性，机理不详。另外很多链球菌分解七叶苷，形成葡萄糖和七叶素，七叶素与铁形成黑色络合物，故可用 CAMP 七叶苷血液琼脂，鉴别无乳链球菌与其他链球菌，该试验几乎是特异的鉴别。见表 4-4。

表 4-4　CAMP 七叶苷试验结果

菌名	群	CAMP(C)	七叶苷(E)
无乳链球菌	B	+	−
停乳链球菌	C	−	d
乳房链球菌	E	−/+	+
肠球菌	D	−	+
牛链球菌	D	−	+
链球菌	G	−	+

注：d 是一些阳性一些阴性；−/+多数是阴性。

2. 方法

取能产生 β 溶血的葡萄球菌标准菌株，沿平板中央划一条线，菌量要多一些，再取待检菌与葡萄球菌划线垂直的方向划 2～3 cm 长的直线，但不能与葡萄球菌接触，一个平板可接种 4 个待检菌和 2 个对照(一个是 CAMP 阳性，七叶苷阴性；一个是七叶苷阳性，CAMP 阴性）。

3. CAMP 七叶苷血液琼脂

（1）成分：营养琼脂（pH 7.6）100 mL，七叶苷 0.1 g，枸橼酸铁 0.2 g，绵羊脱纤血液 5～10 mL。

（2）制法：取前 3 种成分混合，115℃灭菌 20 min，待冷到 50℃时，加入血液，混合均匀后，倾入平皿，凝固后放入冰箱备用。

第五节　抗生素敏感试验

抗菌药物对细菌性传染病控制发挥了非常重要的作用，但因养殖过程中不科学、盲目滥用抗菌药，致使耐药致病性菌株大量产生，使得临床上抗菌药物对疾病的控制效果越来越差，给养殖业造成了很大的经济损失。药物敏感试验是评价病原菌对特定药物治疗有效性，指导临床病原菌防治的重要手段。目前，临床微生物实验室进行药敏试验的方法主要有纸片扩散法、稀释法（包括琼脂和肉汤稀释法）、抗生素浓度梯度法和自动化仪器等。

随着耐药性致病菌的不断出现，抗菌药的防治效果越来越差。并且各种致病菌对不同的抗菌药物的敏感性不同，同一细菌的不同菌株对不同抗菌药物的敏感性也存在一定差异。长期以来，各种致病菌耐药性的产生往往使常用抗菌药物失去药效。掌握致病菌对药物的敏感性，可为临床选用治疗抗菌药物提供参考。

一、纸片扩散法

纸片扩散法是将含有一定浓度抗菌药物的纸片放置在已接种被检菌的平板培养基上，抗菌药物向周围扩散，抑制细菌的生长，故在纸片周围出现抑菌圈，抑菌圈的大小与被检菌对该种抗菌药物的敏感度呈正相关，根据抑菌圈的大小，并参照有关标准，可对该项药敏试验结果提出报告，一般分为高度敏感、中度敏感、低敏和耐药(抗药)4 种结果。

纸片扩散法用于药敏定性试验,因简便易行,故应用较广,试验方法可分为直接扩散法和对比扩散法 2 种。

(一)直接扩散法

国外常用 Kirby-Bauer 法(简称 K-B 法)。其试验方法已经标准化,国内目前对药物敏感试验方法尚未统一,各临床实验室多在 K-B 法的基础上加以改良应用。

1. 药敏纸片的制备

可以使用市售的药敏片,也可将灭菌的干燥纸片在临用前浸泡抗菌药物。干燥药敏片的制备选用质量较好的滤纸(常用新华一号定性滤纸),用打孔器制成 6 mm 直径的圆纸片,每 100 片分装在一个干净的带塞小瓶内,121℃ 高压蒸汽灭菌 30 min,再经 60～100℃ 烘干。于每一小瓶分别加入一定浓度的抗菌药物 1 mL,应使纸片均匀地浸吸药液,置冰箱内浸泡 30～60 min,将小瓶放入干燥器内,用真空抽气机抽干。也可放入 37～50℃ 温箱内 2～3 h 烘干。制备好的干燥药敏纸片分装在密封小瓶内,放在干燥器中低温保存备用。注意事项如下。

(1)制备纸片的滤纸质量直接影响试验结果,要求所用滤纸吸水性好,均匀,不含无关的化学物质或色素等。

(2)干燥药敏纸片必须在密封的、放有干燥剂的容器中保存,受潮后会很快失效。

(3)干燥药敏纸片制备后立即用标准敏感菌株做药敏试验,并记录其抑菌圈直径,每周复查一次,如低于平均值两个标准差表示该批药敏纸片已经失效,应停止使用。

2. 药敏培养基的制备

美国临床实验室标准化委员会(NCCLS)推荐使用 Mueller-Hinton(MH)肉汤,pH 7.2～7.4。需氧菌及兼性厌氧菌在此培养基中生长良好。

3. 菌液的准备

用接种环挑取被检菌纯培养菌落 4～5 个，接种在 4～5 mL 肉汤培养基内，于 37℃孵育 2～5 h，用灭菌生理盐水稀释培养液，使其浓度相当于标准浊度管。

标准浊度管配制方法：0.04 mol/L 氯化钡(1.175%，W/V)；0.18 mol/L 硫酸溶液(1%，V/V)，充分混匀，每管 4～6 mL，其浊度相当于麦氏比浊管第一管的 1/2，暗处保管，使用前充分摇匀，在自然光下避光比浊。此管每半年重配一次。

4. 试验方法

菌液的接种有划线法和涂布法，以后者较好。被检菌标化后 15 min 之内接种于药敏培养基，用灭菌棉拭子蘸取菌液，在管壁上挤压去掉多余液体，在平板上向一个方向均匀涂布，然后将平皿转动 60°角，再涂布一次，共 3 次，最后沿平板边缘涂布一周。加盖后放置 5 min，待平皿面稍干，用镊子将药敏纸片平放在平板上，并轻压使其紧贴在平板表面，药敏纸片一旦接触平板不要再移动。直径 9.0 cm 平皿可贴纸片 7 张。两纸片中心相距不少于 24 mm，纸片与平皿边缘不少于 15 mm。贴好纸片的平板于 37℃培养 16～18 h，观察结果。

5. 结果判定

测量抑菌圈直径(包括纸片直径)，按其大小报告高度敏感、中度敏感或耐药等。国内多以直径小于 10 mm 为耐药，10～15 mm 为中度敏感，大于 15 mm 为高度敏感。由于试验方法未标准化，此种解释不十分准确。

6. 质量控制

为保证试验质量，K-B 法要求每周用标准菌株进行一次药敏试验。世界卫生组织(WHO)推荐用金黄色葡萄球菌(ATCC 25923)、大肠杆菌(ATCC25922)和绿脓杆菌(ATCC27853)3株标准菌株按K-B标准法接种在M-H培养基上，将待试药物纸片贴好后，37℃培养18～24 h，测量抑菌圈，其直径在标准范围之内，表明试验合乎要求，超出此范围表明试验质量不合乎要求，应查找原因，改善试验条件。

(二)对比扩散法

对比扩散法是将被检菌与标准菌株在同一试验条件下同时进行药敏试验，用标准菌株的抑菌圈作为判定标准。直接扩散法由于结果判定已标准化，故对试验条件要求甚严。而对比扩散法则受试验条件影响较小，更适合于常规检验。国外多采用Stokes法，国内亦多采用此法或略加改良应用。

(1)药敏纸片的制备同直接扩散法。

(2)药敏培养基的制备同直接扩散法。

(3)菌液的制备同直接扩散法。标准菌株常用金黄色葡萄球菌(NCTC6571)作为革兰氏阳性菌的对照菌株；用大肠杆菌(NCTC10418)作为革兰氏阴性菌的对照菌株。

(4)试验方法。取M-H平板，用灭菌棉拭子将准备好的标准菌株(浊度相当于麦氏比浊度第一管的1/2)均匀涂布在半个平板上，另将被检菌株(浊度同上)划线接种在同一平板的另一半上，中间稍留间隙，药敏纸片贴放在两者之间的界线上，于37℃培养16～18 h，量取两边的抑菌圈，报告结果。

(5)结果判定设 Z_1 为标准菌株抑菌圈，Z_2 为被检菌抑菌圈(均以mm为单位)。

敏感 $Z_2 \geqslant (Z_1-3)$，中度敏感 $3 < Z_2 < (Z_1-3)$，耐药 $Z_2 \leqslant 3$。

二、稀释法(最低抑菌浓度测定法)

稀释法是将抗菌药物作倍比稀释，在不同浓度的稀释管内接种被检细菌，定量测定抗菌药物对该细菌的最低抑菌浓度(MIC)。

稀释法包括试管法、微量法和琼脂稀释法。

(一)试管法

1. 抗生素储存液和工作液的配制

各种抗生素按其效价先配成不应低于 1 000 μg/mL(如 1 280 μg/mL)或 10 倍于最高测定浓度。溶解度低的抗菌药物可稍低于上述浓度。抗菌药物直接购自厂商或相关机构。所需抗菌药物溶液量或粉剂量可按公式进行计算。例如:需配制 100 mL 浓度为 1 280 μg/mL 的抗生素贮存液,所用抗生素为粉剂,其药物的有效力为 750 μg/mg。用分析天平精确称取抗生素粉剂的量为 182.6 mg。根据公式计算所需稀释剂用量为:(182.6 mg × 750 μg/mL)/1 280 μg/mL=107.0 mL,然后将 182.6 mg 抗生素粉剂溶解于 107.0 mL 稀释剂中。青霉素和金霉素应新鲜配制,其余常用抗生素储存液可在 4℃冰箱保存 1～2 周备用。如需长期保存,可将储存液过滤除菌,分装于小试管内,在−20℃保存,保存期不超过 6 个月。进行药敏试验时,用 Mueller-Hinton(MH)肉汤将抗生素储存液稀释到 500 mg/mL,也可以按照各抗生素各自的稀释浓度范围,稀释到此范围的最高浓度(表 4-5)。

表 4-5　抗生素的稀释浓度范围　　μg/mL

抗生素	0.03	0.06	0.13	0.25	0.5	1.0	2.0	4.0	8.0	16	32	64	128
青霉素 G	+	√	√	√	√	√	√	√	+	+	+		
四环素		+	+	√	√	√	√	√	√	√	+	+	
氯霉素		+	+		√	√	√	√	√	√	√	+	+
红霉素	+	+	√	√	√	√	√	√	√	+	+		
庆大霉素		+	+	√	√	√	√	√	√	√	+	+	
卡那霉素			+	√	√	√	√	√	√	√	√	+	+
多黏菌素 B		+	+	√	√	√	√	√	√	√	+	+	
万古霉素	+	+	√	√	√	√	√	√	√	+	+		

注:√为常用的浓度,+为必要时补充的浓度。

2. 培养基的制备

在测试葡萄球菌对苯唑西林的敏感性时，应在肉汤中加入2%（*W*/*V*）NaCl，按制造厂家的要求配制需要量的MH肉汤。嗜血杆菌属菌使用HTM肉汤，肺炎链球菌和其他链球菌使用含2%～5%溶解血的MH肉汤。

3. 接种物的准备

有2种方法准备接种物，一是细菌生长法，用接种环挑取形态相似待检菌落3～5个，接种于4～5 mL的MH肉汤中，37℃孵育2～6 h。增菌后的对数生长期菌液用生理盐水或MH肉汤校正浓度至0.5麦氏比浊标准，含$(1\sim2)\times10^8$ CFU/mL。二是直接菌落悬液配制法，对某些苛养菌，如流感嗜血杆菌、淋病奈瑟菌和链球菌及甲氧西林耐药的葡萄球菌等菌株，推荐直接取培养18～24 h的菌落调配成0.5麦氏比浊标准的菌悬液。用MH肉汤将上述菌悬液进行1∶100稀释后备用。注意，应在15 min内接种完配制好的接种物，并取一份接种物在非选择性琼脂平板上传代培养，以检查接种物纯度。

4. 试验方法

取无菌试管（13 mm×100 mm）12支，除第1管加入1.6 mL MH肉汤外，其余每管加入MH肉汤1 mL，在第1管加入抗菌药物原液（如1 280 μg/ml）0.4 mL混匀，然后吸取1 mL至第2管，混匀后再吸取1 mL至第3管，如此连续倍比稀释至第11管，并从第11管中吸取1 mL弃去，第12管为不含药物的生长对照。此时各管药物浓度依次为256、128、64、32、16、8、4、2、1、0.5、0.25 μg/mL。然后在每管内加入上述制备好的接种物各1 mL，使每管最终菌液浓度约为5×10^5 CFU/mL。第1～11管药物浓度分别为128、64、32、16、8、4、2、1、0.5、0.25、0.125 μg/mL。将接种好的稀释管塞好塞子，置35℃普通空气孵箱中孵育16～20 h；

嗜血杆菌和链球菌在普通空气孵箱中孵育 20～24 h；对可能的耐甲氧西林葡萄球菌和耐万古霉素肠球菌应持续孵育满 24 h。

5. 结果判定

在读取和报告所测试菌株的 MIC 前，应检查生长对照管的细菌生长情况是否良好，同时还应检查接种物的传代培养情况以确定其是否污染，质控菌株的 MIC 值是否处于质控范围。以肉眼观察，药物最低浓度管无细菌生长者，即为受试菌的 MIC。甲氧苄胺嘧啶或磺胺药物的肉汤稀释法终点判断，与阳性生长对照管比较抑制 80%细菌生长管药物浓度为受试菌 MIC。根据 NCCLS 推荐的分界点值标准，判断耐药（resistant，R）、敏感（susceptible，S）或中介（intermediate，I）。S 表示被测菌株所引起的感染可以用该抗菌药物的常用剂量治疗有效，禁忌症除外。R 指该菌不能被抗菌药物的常用剂量在组织液内或血液中所达到的浓度所抑制，或属于具有特定耐药机理（如 β-内酰胺酶），所以临床治疗效果不佳。I 是指 MIC 接近药物的血液或组织液浓度，疗效低于敏感菌。还表示被测菌株可以通过提高剂量（如 β-内酰胺类药物）被抑制，或在药物生理性浓集的部位（如尿液）被抑制。另外，中介还作为“缓冲域”，以防止由微小的技术因素失控，所导致较大的错误解释。

(二)微量肉汤稀释法

1. 抗生素、培养基及接种物准备

同试管法。

2. 试验方法

准备 12 支小试管，每管加培养基 1 mL，第 1 管加抗生素稀释液 1 mL，混合后取 1 mL 移入第 2 管，依次倍比稀释到第 11 管，第 12 管为对照。取 U 形底的 8×12 孔聚苯乙烯微孔板，经紫外线消毒，用微量加液器在每孔中加入上述倍比稀释好的抗生素溶液，浓度由低到高，每孔加入 50 μL，直到第 11 孔，最后 1 孔加培养基作为对照，再于每孔中加入准备好的应用菌液，每孔 50 μL。在一块微孔板中，每排可加不同的抗生素。但最好是同一株被检菌。加液完毕盖上消毒玻板，振荡混匀，放入垫有湿纱布的方盘内，于 35℃培养 18～24 h，观察结果。

3. 结果判定

将微孔板放在黑色背景衬下观察，孔底呈圆点样混浊沉淀为细菌生长指征，孔内液体不现混浊表示细菌被抑制生长。细菌生长完全被抑制或约 80％被抑制的抗生素最低稀释度就是 MIC。对照孔内细菌应生长良好。

(三)琼脂稀释法

琼脂稀释法是将不同剂量的抗菌药物，加入融化并冷至 50℃左右的定量 MH 琼脂中，制成含不同递减浓度抗菌药物的平板，接种受试菌，孵育后观察细菌生长情况，以抑制细菌生长的琼脂平板所含最低药物浓度为 MIC。本法优点是可在一个平板上同时作多株菌 MIC 测定，结果可靠，且易发现污染菌；缺点是制备含药琼脂平板费时费力。

1. 培养基制备

使用 MH 琼脂，按商品说明书进行配制，pH 7.2～7.4。淋病奈瑟菌使用 GC 琼脂基础加 1％添加剂；其他链球菌使用含 5％(*V*/*V*)绵羊血的 MH 琼脂(当试验磺胺药时，使用溶解的马血)。

2. 含药琼脂平板制备

根据实验设计，将已倍比稀释的不同浓度的抗菌药物分别加入加热溶解，并在 45～50℃水浴中平衡的 MH 琼脂中，充分混匀倾倒灭菌平皿，琼脂厚度 3～4 mm。通常按 1∶9 比例配制药物琼脂平板，根据需要选择药物浓度范围。配制好的含药琼脂平板应装入密封塑料袋中，置 2～8℃冰箱可贮存 5 d。

3. 接种物制备与接种

制备浓度相当于0.5麦氏标准比浊管的菌悬液，再1∶10稀释，以多点接种器吸取制备好菌液（1～2 μL）接种于琼脂平板表面，形成直径为5～8 mm的菌斑。接种好后置35℃孵育16～20 h（甲氧西林耐药葡萄球菌、万古霉素耐药肠球菌孵育时间应满24 h），观察结果。奈瑟菌属、链球菌属细菌置5% CO_2、幽门螺杆菌置微需氧环境中孵育。

4. 结果判断

将平板置于暗色、无反光物体表面上判断试验终点，以抑制细菌生长的最低药物浓度为MIC。在含甲氧苄胺嘧啶或磺胺琼脂平板上可见轻微细菌生长，与生长对照比较抑制80%以上细菌生长的最低药物浓度作为终点浓度。若出现有2个以上菌落生长于含药浓度高于终点水平的琼脂平板上，或低浓度药物琼脂平板上不长而高浓度药物琼脂平板上生长现象，则应检查培养物纯度或重复试验。

三、联合药敏试验

为了提高疗效，减少单一抗菌药物的毒性和耐药性，临床上常联合使用2种或多种抗生素。但联合使用抗生素除了具有协同和累加作用外，还会有拮抗作用，故在临床治疗前应对病原菌作联合药敏试验，以选择联合使用有效的抗生素。

联合药敏试验方法常用平板纸片扩散法、纸条法和稀释法。现介绍最为简单的平板纸片扩散法。

药敏培养基的制备，菌液的制备及在培养基上涂布，药敏纸片的制备等均和单片纸片扩散法相同。将两种抗生素的药敏纸片贴在已涂布被检菌株的平板上，两片之间相距2～3 mm，于35℃培养18～24 h，观察结果，根据呈现的抑菌图形报告“协同”“无关”

或“拮抗”作用。

第六节　病原菌毒力和毒素的测定

病原菌鉴定过程中，通常要对其致病性、毒力强度或其产生的毒素通过细胞接种试验或动物接种试验进行测定。有些病原菌形态、生物学等方面相似仅在致病性上不同，有些病原菌在长期通过人工保存后毒力可能会减弱，少数病原菌产生强烈的外毒素等，可利用动物试验间或用细胞接种试验进行检测。另外，本节描述的动物试验方法还可用于病原菌致病性或毒力的致弱或增强、分离纯化污染病料中的病原菌、制备疫苗或诊断用抗原或制备特定病原菌的免疫血清等。

一、实验动物的接种方法

1. 划痕法

实验动物多用家兔，用剪毛剪剪去肋腹部长毛，再用剃刀或脱毛剂脱去被毛。以75%酒精消毒待干，用无菌小刀在皮肤上划几条平行线，划痕口略见出血，然后用刀将接种材料涂在划口上。

2. 皮内接种

保定实验动物，局部剪毛、脱毛消毒后，用4号针头斜面向上，平行刺入真皮内，挑起，缓缓注入0.1～0.2 mL接种物。注射部皮肤呈白色，毛孔明显，有小水泡隆起，表明注射正确。注射完毕，将针头稍旋转拔出，以免接种材料外溢。家兔和豚鼠多采用背部两侧或腹部皮肤的无色处为接种部位。

3. 皮下接种

(1)家兔皮下接种。由助手把家兔俯卧或仰卧保定，于其背侧或腹侧皮下结缔组织疏松部剪毛消毒，术者右手持注射器，以左手拇指、食指和中指捏起皮肤使成一个三角形皱褶，或用镊子夹起皮肤，于其底部进针。感到针头可随意拨动即表示插入皮下。当推入注射物时感到顺利流畅也表示在皮下。拔出注射器针头时用消毒棉球按住针孔并稍加按摩。接种量一般为 0.5～2.0 mL。

(2)豚鼠皮下接种同家兔。

(3)小鼠皮下接种。无须助手保定。术者在做好接种准备后，先用右手抓住鼠尾，然后用左手的拇指及食指捏住头颈部皮肤，翻转使小鼠腹部朝上，将其尾巴夹在左手掌与小指之间，右手消毒术部，把持注射器，以针头稍挑起皮肤插入皮下，注入时见有水泡微微鼓起即表示注入皮下。拔出针头后，同家兔皮下注射一样处理。接种量一般为 0.2～0.5 mL。

4.肌肉注射

局部消毒后，避开血管，将针头刺入深部肌肉内。注射量可参考皮下接种的注射量，一般选用动物臀部和大腿部，禽类则多选用两侧胸肌。

5.腹腔内接种

仰卧保定动物，腹部向上，抬高动物后腿部，头部略向下垂，使肠管向胸部移动，以防刺伤肠管。局部消毒，将针头先由前向后刺入，然后再改换方向，穿过腹肌进入腹腔。当感觉针头有落空感时，表明已经进入腹腔，缓缓注入。注射量，家兔可达 10.0 mL，豚鼠和大鼠为 5.0 mL，小鼠为 0.5～1.0 mL。

6.静脉接种

家兔选用耳静脉，将兔子保定于兔盒内，剪去耳缘部被毛，压紧耳根部，用手指弹动或轻轻揉擦兔耳(也可用酒精棉球擦拭)，促进耳静脉充血，用碘酊、酒精棉球消毒。以左手拇指、食指压住耳根端，待静脉显著怒张充盈后，针头由接近耳尖部刺入静脉，并顺血管平行方向引深，放松对耳根处血管的压迫，左手拇指和食指移至针头注射部位，固定针头与兔耳，然后拉回注射器，如有血液回流，则可进行注射。注入接种物后，血管颜色变白。注射完毕，拔出针头，用干棉球压注射部位片刻，以防出血或接种物外溢。

大、小白鼠多采用尾静脉接种，先将鼠尾置50℃温水中浸泡1～2 min，使尾部静脉充血。保定动物(可将其固定于倒置的烧杯内，尾巴外露)，左手捏住尾部，右手将针头刺入尾静脉，注入接种物后，沿静脉管出现一条白线，表明已经注入静脉内。

鸡、鸭多采用翅下尺骨静脉和腿部静脉，多用注射，亦可用针头划痕。

7.脑内接种

注射部位常选耳根部与眼内角连接线的中点。大、小白鼠接种时，先将其额部消毒，用左手拇指和食指抓住两耳和头皮，用4号针头垂直刺入注射部位，以针尖斜面刚穿过颅盖为限，缓缓注入0.01～0.03 mL接种物。注射完毕，拔出针头的同时应将注射部位皮肤稍向一边推动，以防液体向外溢出。家兔和豚鼠因颅骨较硬，需用钢锥再接种部位打孔后注射，且需用乙醚对动物进行麻醉，注射量常为0.1～0.25 mL。

8.鼻腔注射

将小白鼠、豚鼠用乙醚麻醉后，当动物呈昏迷状态时，用左手夹住耳后皮肤将其提起，右手用注射器或滴管将接种物滴入鼻腔，使其吸入。接种剂量与脑内接种相同。幼龄鸡、鸭接种时，不需麻醉。操作时要注意针头不能触及动物，防止滴入口腔，操作者需戴口罩，或在玻璃接种罩内接种，以防感染。

9.胃内注入法

可用于大白鼠和小白鼠。将注射针头尖端斜面磨成光滑的钝头，左手保定动物使腹部朝上，然后将注射针头从口腔侧面慢慢插向咽头并继续深插至食道下部，注入接种物。小白鼠注射量为

0.7 mL，大白鼠为 3.0 mL。

另外，尚有其他一些接种方法，如腮腺接种、脊椎内接种、角膜划痕接种、室内喷雾接种、睾丸内接种、气管内接种、眼内接种等多种方法，不多做介绍。

二、实验动物的采血方法

各种实验动物的采血部位和采血方法，依动物的种类、检测项目、试验方法及所需血量而定。根据用血的目的决定血液的处理方法。用全血或血细胞时，应在容器中加玻璃珠，加入血液后反复摇动（注意始终要在同一方向摇动），以脱去纤维蛋白；若用血浆则容器中加抗凝剂，防止凝固；若用血清时，应在动物禁食一夜后于次日清晨空腹采血，减少血清中的食糜。动物的采血量可分为致死采血量和安全采血量（即不致死采血量）两种。致死采血量与动物的血容量有关，采血得当，二者可近乎相当。

1. 心脏采血法

常用于家兔、豚鼠、鸡、鸭等动物。家兔、豚鼠采血时，解剖台保定或助手固定。用手接触到心脏跳动最显著部位（一般在左侧第 3 肋间距胸骨 4 mm 处），去毛消毒，垂直刺入，若有回血，则缓慢抽取所需血量，或采集致死血量。鸡鸭采血时，可取侧卧或仰卧保定。侧卧保定时在心跳最明显处进针（一般在胸骨前端与肩端连线的上 1/3 处取一垂直线，该垂直线距外胸静脉 0.5 cm 处）。或用仰卧保定采集心血，胸骨朝上，用手指压离嗉囊，露出胸前口，将针沿其锁骨腹角刺入，顺着体中线方向水平穿行，直到穿进心脏。此法较前一方法效果好。

2. 颈静脉采血法

常用于牛、羊和马等动物。固定好动物，剪去一侧颈部上 1/3 处的毛，碘酊和酒精棉球消毒，左手压紧颈静脉的向心端，使其充血怒张并固定，怒张的血管手触时有弹性。沿静脉沟刺入针头(常用16号或20号针头)。若是取脱纤血液，则在容器中加入玻璃珠，边采血边沿一个固定转动方向摇动容器，采血完毕，用棉球按压针刺口片刻，以防血液外溢。为使血管怒张，也可用橡皮管在颈顶部扎住。

3.颈动脉放血法

常用于家兔、羊和牛等动物，可获得大量的血液。将动物侧卧保定，剪去颈部被毛，用酒精和碘酊消毒，纵切颈部正中线皮肤，剥离皮下组织，细心分离肌肉与气管，可见到颈静脉，再行剥离，即可见到有强烈搏动的颈动脉，细心地将迷走神经与颈动脉剥离，用止血钳提起颈动脉，结扎上端，用止血钳夹住下端，在中央剪一小孔，插入玻璃弯管，用丝线扎紧，然后放松止血钳，血液即可喷出，沿灭菌乳胶管流入无菌容器中。若制备血清，使血液沿容器壁流入容器中。

4.耳静脉采血法

常用于家兔和犬。操作方法参考耳静脉接种。

5.翅静脉采血法

常用于鸡、鸽等禽类。保定动物，展开翅膀，拔去局部羽毛，消毒，左手拇指压迫静脉的向心端，血管怒张，针头沿静脉平行刺入血管内采血，采完后用干棉球压迫止血。

三、实验动物的观察、解剖与病料采取

对接种待检材料的动物，应进行严格观察和护理。根据不同的实验目的，观察记录不同的项目。

1.外表检查

注射部位皮肤有无发红、肿胀及水肿、脓肿、坏死等。检查眼结膜有无肿胀发炎和分泌物。对体表淋巴结注意有无肿胀、发硬

或软化等。

2.体温检查

注射后有无体温升高反应和体温稽留、回升、下降等表现。

3.呼吸检查

检查呼吸次数、呼吸式、呼吸状态(节律、强度等),观察鼻分泌物的数量、色泽和黏稠度等。

4.循环器官检查

检查心脏搏动情况,有无心动衰弱、紊乱和加速。并检查脉搏的频度节律等。

之外,根据实验目的还可能要观察体重、血液学、细胞学和免疫学等的变化情况。

自然死亡或人工处死的接种动物,一般都要进行剖检,以客观地记录被接种动物各内脏器官的病理学变化和收集必要的含菌组织。尸体解剖中要严格注意消毒和无菌操作。一般的检验程序是,对被检动物体表进行消毒(如用3%～5%来苏水浸泡),剪开皮肤,用烧着的酒精棉球对皮下区域消毒,打开腹腔,对主要实质脏器进行细菌分离培养和组织触片镜检(培养取料时,用刀片烧烙器官表面,用接种环在烧烙处刺入组织内部,蘸取病料涂布平板或进行增菌培养);对于那些需作组织学检查的器官组织,取一小块浸于10%福尔马林固定液中。根据某些需要,对特殊器官进行检查和培养、并收集有关病料。剖检完的尸体进行高压灭菌或焚烧处理,解剖用具和器材要严格消毒。

四、病原菌毒力及其测定

病原菌致病力的强弱程度称为毒力(virulence)。同一细菌的不同菌株,其毒力不一样,因此毒力是菌株的特征。在疫苗研制、血清效价测定、药物筛选等工作中,都必须知道细菌的毒力。细菌毒力的表示方法很多，最具实用性的是半数致死量。

半数致死量（LD_{50}）是指能使接种的实验动物在感染后一定时限内死亡一半所需的微生物量或毒素量。半数致死量测定方法如下。

（一）预实验

1. 摸索上下限

即用少量动物逐步摸索出使全部动物死亡的最小剂量（Dm）和一个动物也不死亡的最大剂量（Dn）。方法是据经验或文献定出一个估计量，观察接种2～3只动物的死亡情况。若全死，则降低剂量；若全不死，则加大剂量再行摸索，直到找出$Pm=100\%$和$Pn=0\%$的剂量，分别为接种量的上、下限。

2. 确定组数、组距及各组剂量

组数：一般5～8组，可根据适宜的组距确定组数，如先确定5组，若组距过大，可再增加组数以缩小组距。有时也可根据动物死亡情况来决定增减组数。

组距：指相邻两组剂量对数之差，常用"d"来表示。d不宜过大，因过大可使标准误增大；也不宜过小，因过小则组数增多，使各组间死亡率重叠而造成实验动物的浪费。组距大小主要取决于实验动物对被试样品的敏感性。敏感性大者，死亡率随剂量增加（或减少）而增加（或减少）的幅度大，组距可小些；反之，敏感性小者，死亡率随剂量变化的幅度小，则组距应大些。上、下限之间的距离可作为敏感性大小的标志。距离大，说明敏感性小；距离小，则说明敏感性大。一般要求d应小于0.155，多在0.08～0.1。

确定组距方法：把上、下限的剂量换算成对数值，设上限剂量的对数值为X_k，下限剂量的对数值为X_1，组数为G则：

$$d=\frac{X_k-X_1}{G-1}$$

确定各组剂量：由 X_1 逐次加 d（或 X_k 逐次减 d），得出各组剂量的对数值，再分别查反对数：即得出各组剂量（呈等比级数排列）。

3. 配制等比试样，并使每只动物在试样接种容量上相等

（二）正式实验

1. 实验动物的选择与分组选择原则

可据不同实验而选取动物，应选择对被试因素敏感的动物。同时也应考虑动物来源、经济价值及操作简便等条件。LD_{50} 常用小白鼠进行实验来测得。个体年龄、体重尽量一致，雌、雄各半，数量相等。

分组原则：每组动物数必须多于组数。因为每组动物数如少于组数，就不能充分反映各组死亡率的差别（如共 8 组，每组 10 只动物，高剂量三个组的死亡数分别为 6、9、10，但如每组只用 6 只动物，则高剂量三个组的死亡数可能都是 6）。此例将动物分成 6 组，每组 10 只小鼠。

分组方法：首先，按性别将动物雌、雄分开或各半混合编组，然后按体重分群，再随机分组，力求使各组平均体重相等。

2. 接种、观察死亡数、求出死亡率

接种途径：可据不同试样及动物而定，小白鼠多用腹腔注射或灌胃法，也可静脉注射。

给药顺序：宜采取间隔跳组方法。如共 6 组，先按 2、4、6 组顺序给药，然后逆行按 5、3、1 组的顺序给药。这样可避免因药物放置过久或动物饥饿造成的偏向性误差，且当第 3 组给药后，如第 2 组动物已经全死，则可省下第 1 组动物及 1 号试样。如第 6 组已死亡，可补做第 7 组，争取做出 0%死亡率的组。每只动物的接种容量可按个体体重或平均体重确定。此例实验各组动物同时给药。

观察时间：直到动物不再因接种试样作用而死亡为止。在观察期间应注意保证食、水、温度等生活条件，严防非被试因素引起的死亡，一般需要观察1周时间。

3.计算 LD_{50}

试验结束后，应用Reed-Muench法的公式计算 LD_{50}。也可用SPSS软件或Bliss法计算结果。

$lgLD_{50}$ = lg 高于50%死亡率的最小稀释度 + 距离比例 × lg 稀释系数，其中

距离比例 = (高于50%死亡率 − 50%)/(高于50%死亡率 − 低于50%死亡率)

五、病原菌毒素及其测定

由细菌产生的、极少量的有害性的物质称为毒素(toxin)。细菌毒素按其来源、性质和作用等的不同，可以分为外毒素和内毒素两大类。

(一)内毒素的检测

内毒素是革兰氏阴性细菌细胞壁中的一种成分，叫作脂多糖。脂多糖对宿主是有毒性的。内毒素只有当细菌死亡溶解或用人工方法破坏菌细胞后才释放出来，所以叫作内毒素(endotoxin)。与外毒素相比，内毒素耐热、毒性作用相对较弱，而且各种革兰氏阴性菌产生的内毒素的致病作用相似，如引起发热、微循环障碍、休克、弥散性血管内凝血等。

1.内毒素对动物的致热作用

以伤寒沙门氏菌内毒素检测为例。

(1)试验动物：1.5～2.0 kg健康家兔3只。

(2)接种材料的准备

用灭菌生理盐水将沙门氏菌菌液稀释成10亿活菌/mL，经

100℃加热 30 min 后备用。

(3)试验方法

试验前家兔禁食 1 h，测量肛温。连续测量 3 次，每次间隔 1 h。正常肛温应在 38.2～39.6℃范围内，后两次肛温差＜0.2℃者，可供接种，取 3 次肛温的平均值作为该家兔的正常体温。于测定体温 15 min 内，用注射器吸取预温至 37℃的灭菌沙门氏菌菌液 0.5～1.0 mL，注入家兔耳静脉内。每隔 1 h 测量肛温 1 次，连续测量 3 次，取最高一次肛温减去正常体温即为该家兔的升温值。3 只接种家兔中，有 2 只或以上升温值≥0.6℃，则为内毒素发热反应阳性。

2. 鲎试验

鲎试剂为鲎科动物东方鲎的血液变形细胞溶解物的冷冻干燥品，鲎试剂中含有 C 因子、B 因子、凝固酶原、凝固蛋白原等。在适宜的条件下(温度，pH 及无干扰物质)，细菌内毒素激活 C 因子，引起一系列酶促反应，使鲎试剂产生凝集反应形成凝胶。随着凝胶的形成，反应液的吸光度(OD 值，浊度)增加，OD 值增加的速度与内毒素浓度呈正相关。换言之，OD 值上升某一预设限值(启动 OD)所需要的时间(定义为启动时间)与内毒素浓度成负相关，启动时间的对数与内毒素浓度的对数成线性关系。据此，可以定量供试品的内毒素浓度。本试验用于体外细菌内毒素的定量检测，禁止以任何途径进入机体。

(1)试剂：鲎试剂(冻干品 0.1 mL/支)和标准品内毒素。

(2)试验方法

打开 3 支鲎试剂冻干品，各加入 0.1 mL 无菌蒸馏水溶解，分别加入标准内毒素、蒸馏水和待测标本(发热动物的血液、细菌培养上清液、注射制剂、生物制品等)各 0.1 mL，摇匀，垂直放入 37℃水浴中，保持 15～30 min，取出观察结果。“强阳性”呈固体状；“阳性”呈凝胶状，有变形但不流动；“弱阳性”呈黏性半流动状；

“阴性”呈可流动的未凝固状。

3.注意事项

(1)内毒素检测用所有器具必须除热原质，且试验过程应防止微生物的污染。

(2)当供试品中可能存在鲎试剂的干扰物质时，须进行干扰试验。

(3)鲎试验无特异性，不能区别检出的内毒素来源何种细菌。

(二)外毒素的检测

细菌在生长过程中合成并分泌到细胞外的毒素，或存在于胞内在细菌溶解后释放的毒素，称外毒素(exotoxin)。其性质不稳定，对热和蛋白酶较敏感，抗原性和毒性作用强，能选择性地作用于某些组织器官，引起特殊病变。以金黄色葡萄球菌肠毒素检查为例。检查方法有动物试验和免疫学试验两类。

1.动物接种试验

(1)试验动物：6～8周龄幼猫，体重350～600 g。

(2)接种材料的准备

①样品上清液的准备：取可疑中毒动物的胃肠内容物、呕吐物、粪便及饲料等样品，加灭菌生理盐水研磨成混悬液，以3 000 r/min，离心30 min，取上清液经100℃水浴10 min后备用。

②肠毒素的制备：取分离纯化并经鉴定的金黄色葡萄球菌菌株，接种在普通肉汤培养基，在二氧化碳环境下于37℃培养96～120 h，然后以3 000 r/min，离心60 min，取上清液经100℃水浴10 min后备用。

(3)试验方法

幼猫在试验前一天应做一般临床检查证实健康状况良好，在试验前2 h饲喂食物(以便观察呕吐等反应)并测量体温(正常体温38～39℃)。然后进行接种试验。幼猫每100 g体重腹腔注射上述接种材料 1 mL(亦可口服 10～15 mL,但灵敏度没有腹腔注射高)。同时以注射未接种细菌的同批肉汤培养基滤液或生理盐水的幼猫作对照,如试验猫在 30 min 到 5 h 内发生呕吐、腹泻、体温升高等反应,而对照猫不出现反应,即可判定为试验阳性。

若试验幼猫在注射后 30 min 内即出现呕吐,并于 1 d 内死亡,则为葡萄球菌溶血素未被破坏而引起的反应,可延长上清液加热时间至 30 min,然后重新接种动物。

2. 琼脂扩散试验(微量玻片扩散法)

(1)肠毒素的制备

同上述动物接种试验。琼脂扩散法只适于检查葡萄球菌培养液中的肠毒素,不适用于样品(胃内容物等)上清液中毒素的直接检查。

(2)玻片的准备

称取纯化的琼脂 1.2 g,加磷酸盐缓冲盐水(含 0.01%硫柳汞)至 100 mL,在沸水浴中融化备用。取干净的载玻片事先在 0.2%琼脂中浸片、晾干、放在水平台上,将上述 1.2%琼脂趁热滴加在玻片上,布满全片,待琼脂冷却凝固后,用打孔器作梅花形打孔,孔的直径和孔距都是 3 mm。

(3)试验方法

中间孔滴加被检上清液 10 μL,周围各孔加入多价抗毒素血清和各型单价抗毒素血清,将玻片放在铺有数层湿纱布的密闭容器内,观察 24 h,一般于 25℃下 7～8 h 即可出现沉淀线,被检上清液与抗毒素孔之间出现明显致密的沉淀线为阳性结果。据此可以判定是否有葡萄球菌肠毒素及其类型。

第五章　病原菌的核酸检测技术

第一节　病原菌种属分子特征鉴定

病原菌检测主要包括表型特征和基因型检测。表型特征鉴定主要有细菌形态特征和生理生化特性等。表型特征鉴定方法比较传统，检测结果有时会出现偏差。基因型鉴定技术是将分子生物学技术应用于细菌的分类鉴定中，即从遗传进化角度去认识细菌。该方法是对细菌的染色体进行直接的DNA分析或对其染色体外基因片段进行分析，进而从分子水平对它们进行分类与鉴定。基因型检测方法更加准确，而且重复性好，分辨率高。

一、基于种属特异性的核酸序列分析法

传统的微生物鉴定方法经过了长时间发展已较完善，但因鉴定步骤繁多，耗时长，鉴定过程很缓慢，且很多性状是基于感官判断，很容易受主观干扰，分类不够准确和科学。以16S rDNA为基础的现代分子生物学技术克服了传统鉴定和分类方法的局限性，而且可提高解析的灵敏度，可使微生物分类鉴定更加快速、微量、准确和简便。

(一)16S rDNA基因序列分析

该基因进化速度十分缓慢，具有分子进化钟的特点 是目前细菌的系统发育分类与鉴定的最常用的靶基因。rRNA基因在染色体上包括长约3.3 kb的23S、1.6 kb的16S、0.12 kb的5S rRNA基因，且绝大多数细菌的3个rRNA基因处于同一个操纵子内，

在染色体上有多个拷贝。而 16S rRNA 基因的长度合适，且高变区的序列具有细菌属种的特征，因而 16S rDNA 的序列测定已作为细菌分类和鉴定的“金标准”。

由于细菌基因组中 rRNA 基因多个区段高度保守，人们可以根据这些保守区设计细菌特异性的通用引物，用来扩增所有细菌的 16S rDNA 片段，通过测序获得 16S rDNA 序列后，在基因数据库中调取所需 16S rDNA 序列，根据 16S rDNA 可变区差异，即可区分不同的菌。16S rDNA 基因序列既能体现不同菌属之间的差异，又能利用 PCR 技术较容易地得到其序列。所以通过对其序列的分析及同源性比较，可以计算、了解不同菌属和菌种在遗传进化方面的距离，判定不同菌属、菌种间遗传关系的远近，绘出进化树，从而达到对细菌进行分类的目的。

这种方法不仅最大程度地保证结果的准确性和客观性，而且对于微生物资源和环境的研究也有重要的价值。与传统的表型特征分类方法相比，16S rDNA 基因序列测定的最大优势就是检测速度快，这是常规的细菌鉴定和培养方法无法比拟的。另外，一部分用表型方法难于鉴定的细菌，用 16S rDNA 基因序列分析能进行准确的鉴定。16S rDNA 的同源性分析最适用于属及属以上的远缘关系。因此，16S rDNA 可以作为细菌群落结构分析最常用的系统进化标记分子。

(二)16S-23S rDNA 间区基因序列分析

虽然 16S rDNA 序列分析在细菌种属鉴定方面得到了广泛应用，但该方法也有一定的局限性，即对于相近种或同一种内的不同菌株之间的鉴别分辨力较差。为了弥补这一不足，人们又探索了新的基因序列分析方法，即 16S-23S rDNA 间区的序列分析方法。通过分析的 16S-23S rDNA 间区的数目、长度和序列，可以区分和鉴定相近种和菌株。近几年来，越来越多的人应用该方法鉴别出不同属、种及型的细菌差异，其结果显示，检测的敏感性和重复率都很高。

二、PCR 指纹图分析法

(一) CAPs (cleaved amplification polymorphism sequence-tagged sites)

CAPs 技术又称为 PCR-RFLP，限制性片段长度多态性聚合酶链反应(PCR-RFLP)技术，是指基因型之间限制性片段长度的多态性，这种多态性是由限制性酶切位点上碱基的插入、缺失、重排或点突变所引起的。对细菌的特定 DNA 片段的限制性内切酶产物进行分析，可以实现细菌种间及种内株间的分型鉴定。此技术经常与 PCR 技术结合，即 PCR-RFLP 技术。RFLP 标记是最早用于构建遗传图谱的 DNA 分子标记技术。与核酸序列分析相比，RFLP 省去了序列分析中很多繁琐的工序，酶切后的电泳图谱可以看出不同种群基因组 DNA 的限制性片段长度多态性，从而显示细菌在进化水平上的差异。但是该方法的缺点是需要依赖 Southern 技术，克隆基因作探针，工作量很大；而且 DNA 用量较大，纯度要求高。一般适合于对基因组单拷贝序列进行的鉴定。

末端限制性片段长度多态性(T-RFLP)是对 RFLP 技术的延伸。原理是用荧光染料对 PCR 引物的 5′端进行标记，将 PCR 产物用合适的限制性内切酶消化，消化产物用 DNA 自动测序仪进行检测，末端带荧光标记的片段能被检测到，而其他没有带荧光标记的片段则检测不到。通过对这些荧光信号以及由此生成的 T-RFLP 图谱的分析，就可以知道样品中细菌的种类、数量和种群大小等，进而了解细菌群落的结构、功能及其动态变化。该方法降低了图谱的复杂性，使得结果易于分析，重复性好。

(二)RAPD 标记(Random amplified polymorphim,DNA)

RAPD(随机扩增 DNA 多态性)是利用一系列不同的随机排

列碱基顺序的寡聚核苷酸单链为引物，对所研究基因组 DNA 进行 PCR 扩增，然后用凝胶电泳分离扩增片段来进行 DNA 多态性研究。这样就发现了菌种之间 DNA 的变异片段数量和大小的不同。RAPD 技术不仅可以在种间、亚种间甚至还能在同一亚种的不同菌株间进行鉴别。RAPD 具有以下优越性：可以对整个基因组 DNA 进行多态性检测；易操作，费用少，省时间，反应程序可以实现自动化，非常适合大规模生产和商品化。

（三）AFLP（Amplified Fragment Length Polymorphism）

AFLP（扩增片段长度多态性）是基于 PCR 反应的一种选择性扩增基因组 DNA 限制性片段的方法。由于不同细菌的基因组 DNA 大小不同，基因组 DNA 经限制性内切酶酶切后，产生分子质量大小不同的限制性片段。使用双链接头与酶切 DNA 片段连接作为扩增反应的模板，使用修饰后的引物，进行选择性扩增。如此，一个样本出现特定的 DNA 带谱，而另一个样本可能无此带谱。扩增产物经电泳分离，就显示出扩增片段长度多态性。AFLP 是一种新的而且有很大功能的 DNA 指纹技术。它结合了 RFLP 和 PCR 技术特点，具有 RFLP 技术的可靠性和 PCR 技术的高效性，不仅可以利用它鉴别微生物不同属的物种，甚至还可以鉴别出同一种属、不同菌株间的差异。

（四）PCR-SSCP（Polymerase Chain Reaction-Single Strand Conformation Polymerase）

PCR-SSCP 是一种以 PCR 为基础，基于 DNA 构象差别而进行快速、灵敏、有效检测基因点突变的方法。其基本原理是 PCR 扩增后的 DNA 片段经变性成单链 DNA，单链 DNA 在中性聚丙烯酰胺凝胶中电泳时形成不同的立体构象，其构象直接影响泳动速率，相同长度的 DNA 单链其核苷酸顺序仅有单个碱基的差别，就可以产生立体构象的不同，从而造成泳动速率的不同，通过显色或显影后在凝胶上就会显示出带型的差别,即多态性。

三、核酸杂交法

核酸探针检测所依据的是核酸分子杂交,其工作原理是碱基配对,即2条碱基互补的DNA链(或2条碱基互补的RNA链)在适当的条件下可以按照碱基配对的原则,形成杂交的DNA分子。微生物含有相对稳定的DNA序列,不易受外界环境因素的影响而改变。一般来说同种微生物的DNA序列相同,不同种微生物DNA序列不同。根据中心法则,DNA双链核苷酸分子是通过碱基之间的氢键作用力专一性互补配对而结合在一起的,每个基因的RNA和对应的模板DNA链也可以通过碱基配对而结合在一起。核酸探针就是根据核酸分子之间的互补配对原则设计的一种检测目标DNA序列是否存在一段核酸序列。杂交过程是高度特异性的,可以根据所使用的探针对已知序列进行特异性的靶序列检测,所有携带与探针一样的同源基因位点的细菌菌株都可得到分离,结果具有很高的重复性。通过放射自显影,对特异性DNA条带和指纹图加以分析,从而对细菌进行分类鉴定。核酸杂交是测定核酸分子同源性程度和不同物种亲缘关系的有效手段。根据核酸的来源和性质,核酸探针可分为RNA探针、基因组DNA探针、cDNA探针和人工合成的寡核苷酸探针等。

(一)RNA探针

RNA探针一般都是单链,它具有单链DNA探针的优点,又具有许多DNA单链探针所没有的优点,如RNA-DNA杂交体比DNA-DNA杂交体有更高的稳定性,所以在杂交反应中RNA探针比相同活性的DNA探针所产生信号要强,RNA杂交体酶切比DNA杂交体容易控制,所以用RNA探针进行RNA结构分析比用DNA探针效果好。RNA探针制备过程是将一段含完整或部分基因的DNA片段重组质粒,以内切酶在插入片段中某一适当部位或插入片段下游的某一部位消化重组质粒，使之成为线性DNA，然后在相应的DNA依赖RNA聚合酶催化下，以含有目的基因的DNA片段为模板合成RNA探针。RNA探针的缺点是RNA极易被环境中大量存在的核酸酶所降解，操作不便，因此应用较少。

(二)人工合成的寡核苷酸探针

是在已知基因序列的情况下，由核酸合成仪完成，可廉价获得大量的探针，长度一般在10～30 bp，甚至可达50 bp。如果已知核酸序列可根据已知DNA或RNA序列合成精确互补的DNA探针，单一已知序列寡核苷酸探针能与它们的目的序列准确配对，可以准确地设计杂交条件，以保证探针只与目的序列杂交而不与序列相近的非完全配对序列杂交，对于一些未知序列的目的片段则无效；如果核酸序列未知，可根据其蛋白质产物的氨基酸序列推导出核酸序列从而合成DNA探针。

(三)DNA探针

作为诊断试剂，较常使用的是基因组DNA探针和cDNA探针。指长度在几百碱基对以上的双链DNA或单链DNA探针。其中，前者应用最为广泛，它的制备可通过酶切或聚合酶链反应(PCR)从基因组中获得特异的DNA后将其克隆到质粒或噬菌体载体中，随着质粒的复制或噬菌体的增殖而获得大量高纯度的DNA探针。将RNA进行反转录，所获得的产物即为cDNA。cDNA探针序列也可克隆到质粒或噬菌体中，以便大量制备。

四、DNA的G+C含量测定法

DNA分子两条链上4种碱基的总分子质量为100，测定其中G+C或A+T摩尔百分比，能反应出细菌间DNA分子的同源程度，习惯上以G+C作为细菌的分类标记。不同菌属间的G+C mol%范围很大,为25%~75%,但同一种细菌G+C mol%相对稳定,不受菌龄、培养条件和其他外界因素影响,亲缘关系越近的细菌,它们G+C mol%越接近。此法是根据细菌的DNA中G+C含量的特异性来进行细菌鉴定,通过熔解温度(T_m)法或浮力密度法测定细菌DNA中G+C的含量,通过对比来鉴定细菌。

第二节　病原菌分子诊断技术

一、常规的聚合酶链式反应(PCR)检测

聚合酶链式反应(Polymerase Chain Reaction,PCR)是20世纪80年代发展起来的一种体外核酸扩增技术,用于放大扩增特定的DNA片段,可看作是生物体外的特殊DNA复制。PCR技术利用针对目的基因所设计的一对特异性引物,以目的基因为模板,在体外合成核酸片段。PCR的最大特点,是能将微量的DNA在短时间内大幅增加,并具有敏感、简便、高效、重复性好、易自动化等优点。目前,PCR技术已被广泛用于分子生物学的各个领域,在兽医学检验中也正显示出广阔的应用前景。

(一)PCR原理

DNA的半保留复制是生物进化和传代的重要途径。双链DNA在多种酶的作用下可以变性解旋成单链,在DNA聚合酶的参与下,根据碱基互补配对原则复制成同样的两分子拷贝。在实验中发现,DNA在高温时也可以发生变性解链,当温度降低后又可以复性成为双链。因此,通过温度变化控制DNA的变性和复性,加入设计引物,DNA聚合酶、dNTP就可以完成特定基因的体外复制。PCR技术的基本原理类似于DNA的天然复制过程,其特异性依赖于与靶序列两端互补的寡核苷酸引物。PCR由变性—退火—延伸3个基本反应步骤构成。①模板DNA的变性:

模板 DNA 经加热至 95℃左右一定时间后，使模板 DNA 双链或经 PCR 扩增形成的双链 DNA 解离成为单链，以便与引物结合，为下轮反应做准备；②模板 DNA 与引物的退火(复性)：模板 DNA 经加热变性成单链后，温度降至 55℃左右，引物与模板 DNA 单链的互补序列配对结合；③引物的延伸：DNA 模板-引物结合物在 72℃、DNA 聚合酶的催化作用下，以 dNTP 为反应原料，靶序列为模板，按碱基互补配对与半保留复制原理，合成一条新的与模板 DNA 链互补的半保留复制链，重复循环变性—退火—延伸 3 个步骤就可获得更多的“半保留复制链”，而且这种新链又可成为下次循环的模板。每完成一个循环需 2～4 min，2～3 h 就能将待扩目的基因扩增放大几百万倍。

(二)PCR 反应体系

10×扩增缓冲液	10 μL
4 种 dNTP 混合物(终浓度)	各 100～250 μmol/L
引物(终浓度)	各 5～20 μmol/L
模板 DNA	0.1～2 μg
Taq DNA 聚合酶	5～10 U
Mg^{2+}(终浓度)	1～3 mmol/L
补加双蒸水	50 μL

其中 dNTP、引物、模板 DNA、Taq DNA 聚合酶以及 Mg^{2+} 的加量(或浓度)可根据实验调整，以上反应体系只提供大致参考值。PCR 反应五要素：参加 PCR 反应的物质主要有 5 种，即引物(PCR 引物为 DNA 片段，细胞内 DNA 复制的引物为一段 RNA 链)、酶、dNTP、模板和缓冲液(其中需要 Mg^{2+})。引物有多种设计方法，但基本原则相同。PCR 所用的酶主要有两种来源：Taq 和 Pfu，分别来自两种不同的嗜热菌，其中 Taq 酶扩增效率高但易发生错配，Pfu 扩增效率低但有校正功能，所以实际使用时根据需要必须做不同的选择。模板即扩增用的 DNA 片段，可以是任何

来源,但有两个原则,第一纯度必须较高,第二浓度不能太高。缓冲液的成分最为复杂,除水外一般包括4个有效成分:缓冲体系,一般使用HEPES或MOPS缓冲体系;一价阳离子,一般采用钾离子,但在特殊情况下也可使用铵根离子;二价阳离子,即镁离子,根据反应体系确定,除特殊情况外不需调整;辅助成分,常见的有DMSO、甘油等,主要用来保持酶的活性和帮助DNA解螺旋。

(三)PCR引物设计

PCR反应中有两条引物,即5′端引物和3′引物。设计引物时以一条DNA单链为基准(常以信息链为基准),5′端引物与位于待扩增片段5′端上的一小段DNA序列相同;3′端引物与位于待扩增片段3′端的一小段DNA序列互补。引物设计的基本原则如下。

(1)引物长度:15～30 bp,常用为20 bp左右。

(2)引物碱基:G+C含量以40%～60%为宜,G+C太少扩增效果不佳,G+C过多易出现非特异条带。ATGC最好随机分布,避免5个以上的嘌呤或嘧啶核苷酸的成串排列。

(3)引物内部不应出现互补序列;两个引物之间亦不应存在互补序列,尤其是避免3′端的互补重叠。

(4)引物与非特异扩增区序列的同源性不要超过70%,引物3′末端连续8个碱基在待扩增区以外不能有完全互补序列,否则易导致非特异性扩增。

(5)引物3′端的碱基,特别是最末及倒数第二个碱基,应严格要求配对,最佳选择是G和C。

(6)引物的5′端可以修饰。如附加限制酶位点,引入突变位点,用生物素、荧光物质、地高辛标记,加入其他短序列,包括起始密码子、终止密码子等。

(四)PCR 产物的检测和分析

PCR 产物的检测和分析,需依据研究对象和目的采用不同的方法。凝胶电泳是检测 PCR 产物最常用和最简便的方法之一,能迅速确定有无预期大小的扩增产物,初步判断产物的特异性。DNA 分子在电泳缓冲液(偏碱性)里带负电荷,将 PCR 产物点样于负极端的加样孔,在电场作用下,DNA 分子泳向正极。电泳迁移率与线性 DNA 分子大小呈负相关,即 DNA 分子越大,电泳迁移率越小。该法缺点是不能鉴定 PCR 产物的序列。对 PCR 产物进行测序是检测 PCR 产物特异性最可靠的方法。测序常用的方法为双脱氧核苷酸链末端终止法和化学裂解法。测序可准确地发现不同菌株等的分子流行病学趋势以及个体中耐药基因、毒力基因等的变异情况。

二、荧光定量 PCR 检测

常规 PCR 在扩增反应结束之后,一般使用的琼脂糖凝胶电泳只能对扩增产物进行定性分析,无法对 PCR 扩增反应进行实时检测,也无法对起始模板准确地定量。由此,荧光定量 PCR 技术便应运而生。荧光定量 PCR(real-time fluorescence quantitative PCR,RT-PCR)是 1996 年由美国 Applied Biosystems 公司推出的一种新定量试验技术,它是通过荧光染料或荧光标记的特异性探针,对 PCR 产物进行标记跟踪,实时在线监控反应过程,结合相应软件可以对产物进行分析,计算待测样品模板的初始浓度。

(一)荧光定量 PCR 原理

PCR 扩增时在加入一对引物的同时加入一个特异性的荧光探针,该探针为一寡核苷酸,两端分别标记一个报告荧光基团和一个淬灭荧光基团。探针完整时,报告基团发射的荧光信号被淬灭基团吸收;首先探针结合在 DNA 任意一条单链上,PCR 扩增时,

Taq 酶 5′-3′外切酶活性将探针酶切降解，使报告荧光基团和淬灭荧光基团分离，从而荧光监测系统可接收到荧光信号，即每扩增一条 DNA 链，就有一个荧光分子形成，实现了荧光信号的累积与 PCR 产物形成完全同步。

（二）荧光定量 PCR 相关概念

1. 扩增曲线

根据 PCR 原理，PCR 的扩增曲线实际上并不是一条标准的指数曲线，而是呈 S 形曲线。分为基线期、对数期和平台期 3 个阶段。①基线期：荧光背景信号阶段；②对数期：荧光信号指数扩增阶段；③平台期：在基线期，扩增的荧光信号被荧光背景信号所掩盖，无法判断产物量的变化；而在平台期，扩增产物已不再呈指数级增加。由于 PCR 的终产物量与起始模板量之间没有线性关系，所以根据最终的 PCR 产物量不能计算出起始 DNA 拷贝数量。只有在荧光信号指数扩增阶段，PCR 产物量的对数值与起始模板量之间存在线性关系，因而，可选择在这个阶段进行定量分析。

2. 荧光阈值

一般将荧光定量 PCR 的前 15 个循环信号作为荧光本底信号（基线期），即样本的荧光背景值与阴性对照的荧光值，此时扩增荧光信号被荧光背景信号所掩盖。荧光阈值是在荧光扩增曲线上人为设定的一个值，它可以设定在荧光信号指数扩增阶段任意位置上，荧光阈值的缺省设置是 3～15 个循环的荧光信号的标准差的 10 倍（机器上自动设置）。经常采用手动设置方式，手动设置的基本原则要大于样本的荧光背景值、阴性对照的荧光最高值，同时要尽量选择进入指数期的最初阶段。

3. Ct 值

Ct 中的 C 代表 Cycle，t 代表 threshold，所谓 Ct 值就是在荧光 PCR 扩增过程中，当扩增产物的荧光信号达到设定的阈值时所经过的扩增循环次数。它与模板的拷贝数存在线性关系，起始拷贝数越多，经过的循环次数就越少，Ct值也就越小；反之亦然。正常的Ct值范围为18～30，过大或者过小都将影响到实验数据的精度。同一模板经过96次PCR扩增，扩增产物虽然不恒定，但Ct值极具重现性。根据此特点，可以利用已知起始拷贝数的标准样品的Ct值作标准曲线，只要在同一次PCR实验中得到未知样品的Ct值，就可以根据曲线，计算出该未知样品的起始拷贝数。

4.标准曲线

在绝对定量的实验过程中，将已知浓度的标准品进行梯度稀释，将未知样品与梯度稀释的标准品在同一荧光PCR实验中进行反应，将稀释标准品得到的Ct值构建标准曲线，通过标准曲线可以推算出未知样品的量。理论上，一系列稀释样品的扩增曲线之间有均匀的间距，如果PCR呈理想的方式扩增，产物在每一次循环都加倍，荧光曲线之间的间距则符合等式“2^n＝稀释倍数”，n为2个样本间Ct值差。例如，10倍稀释的样本，$2^n=10$，可得到$n=3.32$，Ct值差即为3.32。

5.扩增效率

扩增效率和标准曲线的斜率相关，计算公式为：扩增效率(E)$=10^{-1/斜率}$。理论上，在每个指数扩增循环中，PCR产物的量加倍，即PCR产物2倍增加，反应效率为2，扩增效率就为2，就可得$2=10^{-1/斜率}$，标准曲线的斜率就为-3.32，斜率的绝对值和荧光曲线间距相同。若将扩增效率用百分比来表示，即：$E\%=(E-1)\times 100\%$，对于理想的PCR，$E=2$，即：扩增效率$E\%=(2-1)\times 100\%=100\%$。假如$E=1.92$，代入方程$(1.92-1)\times 100\%=92\%$，表示每个循环的终点，扩增产物的拷贝数增加1.92倍，或每次循环有92%的模板被扩增。

当然，扩增效率接近100%是优化的重复性好实验的最好标志，但在实际操作时，反应的扩增效率为 90%～105%，如果扩增效率大于 100%时，可能的原因是一系列稀释样品加样错误，或者有非特异性产物扩增，如引物二聚体的产生。用上述方法确定扩增效率时，反应体系中抑制剂的出现也可能导致扩增效率明显增加，原因是高浓度模板样本中抑制剂的浓度低，导致反应的 Ct 值延迟出现，而低浓度模板样本中抑制剂浓度高，反应的 Ct 值延迟程度小，导致斜率的绝对值以及计算所得的扩增效率增加。如果扩增效率小于 90%或大于 105%，一般会建议重新设计引物或探针再次试验。

（三）荧光定量 PCR 方法

荧光定量 PCR 所使用的荧光化学物可分为两种：荧光探针与荧光染料。相应的荧光定量 PCR 的方法可分为特异性和非特异性两类，非特异性检测方法是在 PCR 体系中，加入过量荧光染料，荧光染料特异性地掺入 DNA 双链后，发射出荧光信号；而特异性检测方法是在 PCR 中利用标记荧光染料的基因特异性寡核苷酸探针来检测产物。前者简便易行，后者则由于增加了探针的识别步骤，特异性更高。

荧光定量 PCR 最常用的方法是 DNA 结合染料 SYBR Green Ⅰ的非特异性方法和 Taqman 水解探针的特异性方法，分别介绍如下。

1. 非特异性 SYBR Green Ⅰ染料法

SYBR Green Ⅰ是一种能结合所有 dsDNA 双螺旋小沟区域的具有绿色激发波长的染料。在游离状态下，SYBR Green Ⅰ仅发出微弱的荧光，但一旦与双链 DNA 结合后，荧光大大增强。因此 SYBR Green Ⅰ的荧光信号强度与双链 DNA 的数量有关，可以根据荧光信号强度检测出 PCR 体系存在的双链 DNA 数量。

2.特异性 Taqman 水解探针法

Taqman 荧光定量技术以 Taqman 荧光探针为基础，Taqman 荧光探针实质为寡核苷酸，两端分别标记一个荧光发射基团与一个荧光淬灭基团。当探针完整时，荧光发射基团发射的荧光信号被淬灭基团吸收；PCR 扩增时，Taq DNA 聚合酶的 5′-3′外切酶活性将探针酶切降解，使荧光发射基团与荧光淬灭基团分离，从而使荧光监测系统可接收到荧光信号，即每扩增一条 DNA 链，就有一个荧光分子形成，实现了荧光信号的累积与 PCR 产物形成完全同步。从而实现 PCR 的定量。常用的荧光基团有 HEX、FAM、TET、VIC。

由于 Taqman 探针法中，除引物外，还使用了一条特异性探针，因此，该方法可特异性地检测目的序列，同时防止非特异性产物的干扰影响定量的准确性；并且该方法可用于多重反应，但探针设计成本较高，有时探针设计困难。需要根据实验材料、实验目的选择合适的荧光定量方法。

三、分子诊断技术的临床应用

既往对疾病病因的诊断主要是通过检测病原体的形态或通过对病原体的培养，观察病原体的生化特性及毒性试验等；或采用微生物学、免疫学和血清学方法对这些病原体进行检测。但是，这些方法受灵敏度和特异性的限制，在明确病因、潜在感染、早期诊断以及对病原体进行分类、分型鉴定等方面还存在较大的局限。随着分子生物学的突破性发展及相关技术的进步，优于传统诊断方法的分子诊断技术应运而生，并被广泛用于疾病的检测中。分子技术针对侵入机体内的病原体基因进行检测，可以对病原菌感染做出诊断，还可以对病原菌进行分型、毒力基因检测、耐药性监测和分子流行病学调查等。分子诊断的检测对象是病原菌的核酸，核酸可从外周血单核细胞提取，也可从血清、血浆、组织、器官、体液、分泌物和排泄物中提取。

分子诊断技术在很大程度上改变了病原体的诊断方法，其用于可归纳为以下几个方面。

(1)适用于检测不能或不易培养、生长缓慢的病原体，如结核分枝杆菌。

(2)通过检测细菌 16S rRNA 基因或对其序列进行测定，对细菌进行种属鉴定，同时可能发现新菌种。

(3)进行病原体感染的早期诊断，确定其类型。

(4)通过对病原体核酸的定量检测，动态检测疾病发展过程。

(5)进行病原体感染的分子流行病学调查。

(6)对病原体进行分型。

(7)检测病原体的耐药基因或毒力基因的分布情况。

分子诊断技术在病原体检测中具有许多传统方法无可比拟的优势，但它也有某些难以克服的缺陷，因此不能完全取代其他的诊断技术。在病原体检测中，应注意将分子诊断技术与其他经典的诊断技术结合应用，做出快速准确的诊断。

参 考 文 献

[1] 胡桂学,陈金顶,彭远义.兽医微生物学实验教程.2版[M].北京:中国农业大学出版社,2015.

[2] 陆承平.兽医微生物学.5版[M].北京:中国农业出版社,2013.

[3] 姚火春.兽医微生物学实验指导.2版[M].北京:中国农业出版社,2010.

[4] 韦选民,任蕊萍.动物疾病实验室检验手册[M].北京:中国农业出版社,2006.

[5] 邓宇.动物疫病分子诊断技术[M].成都:四川大学出版社,2014.

[6] P·桑索内蒂.细菌毒力——原理、模型与整体研究方法[M].刘玉庆等译.北京:化学工业出版社,2013.

[7] 王燕,周荣华,曾嬬.几种细菌染色方法的改良建议[J].湖北农业科学,2014,53(14):3347-3350.

[8] 宋瑛琳,王芳,田明.细菌芽孢染色方法比较的研究[J].实验室科学,2012,15(01):122-123.